失落的地球真相

地球過去的星際文明時代

Forgotten Genesis 2

拉杜·錫納馬爾 Radu Cinamar ◎著
彼德·沐恩 Peter Moon ◎編
珊朵拉◎譯

這是一本攸關人類重要變革的超時空解碼！
內容涵蓋人類深層的基因技術及高維度文明的宇宙任務，
其驚人的歷史內幕！至今沒有任何一本書曾經暴露過！

目次

Situs
Insulæ Atlantidis, a
mari olim absorptæ ex
mente Ægyptiorum et
Platonis discriptio.

西元前五萬年的大塔爾蘇斯戰爭破壞了許多向乙太層面過渡的地區，後來導致乙太層面與物質層面的分離。這是維度的重新排列。由於當時發生了非常血腥的戰爭，來自E—N—L和E—N—K分支的眾多混種生物不再支持物理層和乙太層之間的連接，因此他們分開了。

感到驚奇，因為我以前從未見過它們。我提到的第一件事是偉大的感覺，然後是與大自然的交流。植被實際上是城市建設的一個組成部分，與之「共存」。然而，我甚至沒有看到一縷草超過由石板空間強加的邊緣，石板被很好地拋光，並連接在一起。樹葉、百合花、灌木和其他所有的東西都準確地到達了石塊的邊緣，從來沒有超過它們，就好像植被已經「知道」如何完美地尊重這些邊界。城市的清潔度令人難以置信，我甚至無法理解這怎麼可能。

第十二章　亞特蘭提斯：人類文明的變革及乙太層的溶解

作為一個重要的評論，我可以說，這是突然打破物質層和乙太層之間的連繫，在亞特蘭提斯時期是相當穩固的。在亞特蘭提斯毀滅之初，來自乙太層的生命們並沒有非常清楚地注意到物質大陸部分的下沉，但在某時刻，由於維度分裂，他們發現他們不再有支持，就好像地毯從他們腳下被拉出，而乙太層開始溶解，不能再像以前那樣與物理層連繫著了。

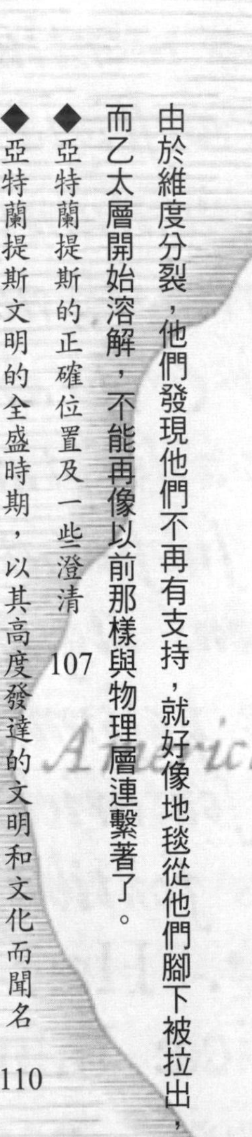

Situs Insulæ Atlantidis, a mari olim absorptæ ex mente Ægyptiorum et Platonis discriptio.

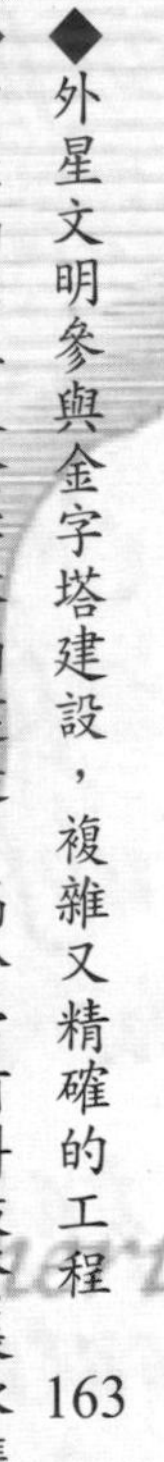

我在幾張照片中看到了大金字塔國王的密室裡是如何進行灌頂的。雖然我沒有完全理解它，但我認為這是為了促進生命的「星光體化」，或者是為了在身體中引起某些生化的轉變，這些轉變是星光體有意識地脫離物質身體所必需的。我還看到了乙太現實，我可以看到儀式開始後，通過構成房間牆壁的石塊，出現了外星生物的高大輪廓。在我看來，他們是在監督和協助正確地進行儀式，提供必要的微妙保護。

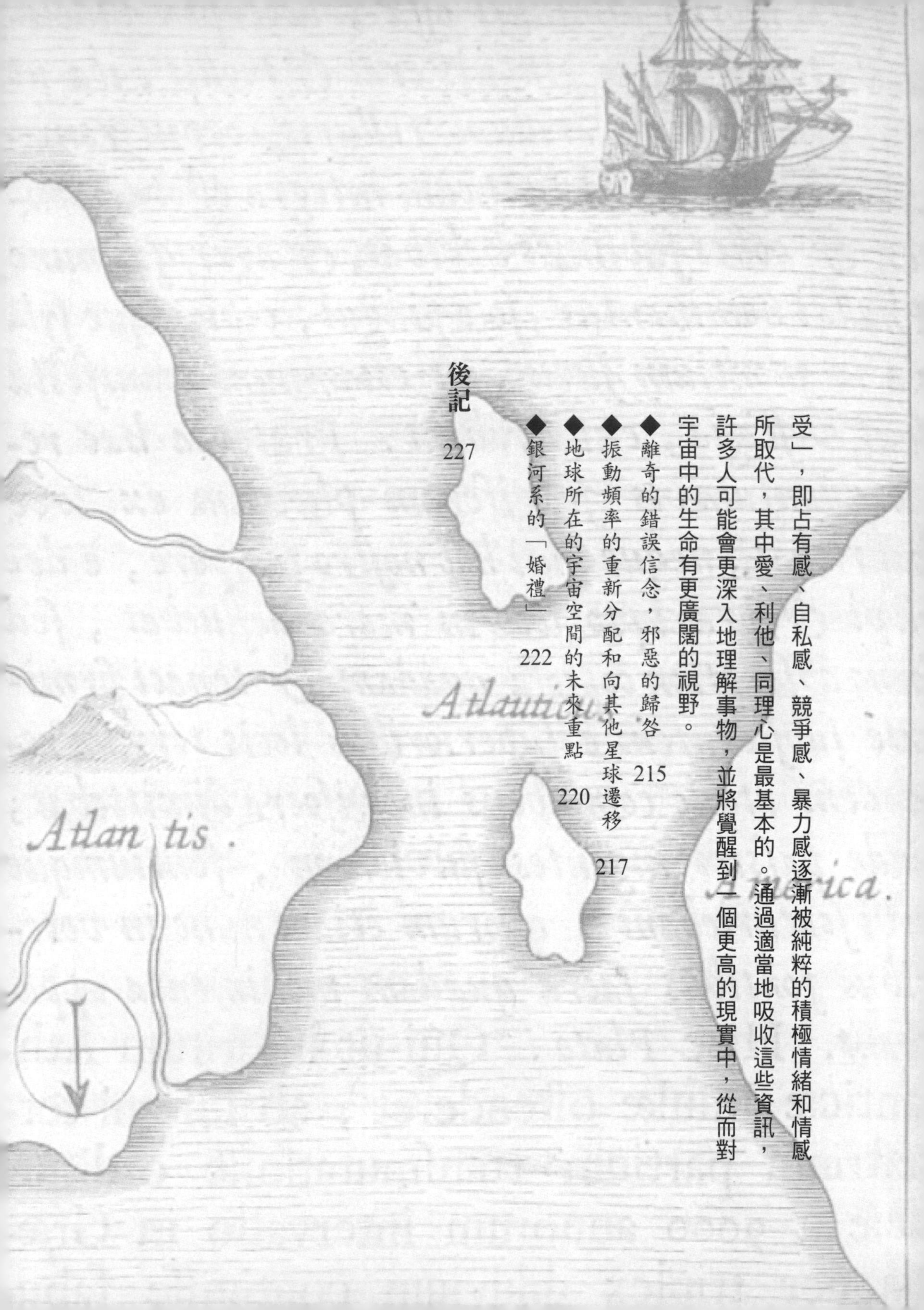

受」，即占有感、自私感、競爭感、暴力感逐漸被純粹的積極情緒和情感所取代，其中愛、利他、同理心是最基本的。通過適當地吸收這些資訊，許多人可能會更深入地理解事物，並將覺醒到一個更高的現實中，從而對宇宙中的生命有更廣闊的視野。

推薦序一

呂應鐘
世界華人星際文明研究總會副理事長

當我看到這本書的序言時，立即喊出「哇塞！奇書」，令我極度興奮。

回想自己在民國64年看到英文版UFO與外星人書籍時，當時也喊出「哇塞！奇書」，從此每年都翻譯出版飛碟與史前文明奧秘書籍，當時也將UFO譯為幽浮，打開了台灣書市對外星人好奇的風潮。日後我在演講時也經常說「當時台灣民智未開，大家都不相信有飛碟外星人，我也被當時一些理工教授罵過是科學野狐禪、偽科學。但是我相信時間會證明我是對的」。到了現在，四十多年過去了，早已沒有人再否認飛碟外星人的真實了。

二〇二一年的現在，這本書的主題又讓我喊出「哇塞，奇書」，不僅談及外星人，還涉及更多的地球秘史，甚至談到五萬年前就已存在的全息技術、DNA的三維全息圖、三條通往地球內部的隧道等等，以及書中極為龐大的信息與驚人的科技，這些全是當今科學、考古學、生物學等無法理解的描述。就如同我在四十多年前譯介飛碟外星人主題一樣，根本沒有學界相信，但我要說「時間會證明這是對的」。

上個月在思考新冠疫情問題時，想到地球上在沒有人類以前，恐龍時代，任何時代，細菌病毒早就存在地球上，根本與人類的存在無關。而自己也曾於民國67年在《宇宙科學》雜誌上發表過「為何要相信進化論？」，就提出進化論的錯誤。想到現在的生物學、考古學、神話學、人類學、地球科學等教科書一定會被推翻改寫。

相隔一個月就看到這本奇書，我認為這不是巧合，而是「有意義的存在」，是要告訴華文世界的人們，過去四十多年對飛碟外星人的好奇過後，從二〇二一年起由這本書所談的主題，開始會有更為神奇的思維呈現給大家，誠如後記所言「人類的進化狀態相當於一個年輕的青少年，還有很長的路要走，而這些書中提供的內容是人類進化過程的一部分。」

是的，讓人類的思維更加開擴，更了解地球、了解宇宙！

推薦序二

周健副教授
中國文化大學史學系兼任副教授

題辭："Nature does nothing without purpose or uselessly."
～亞理斯多德（Aristotle, 384-322B.C.E.）～

以色列睿智的所羅門王（King Solomon）曾言：「日光之下並無新事。」（《舊約全書》：傳道書：一：9），此言只有部分正確，查考人類的歷史，前所未見的新鮮事層出不窮，二〇〇一年震驚世界的911事件即為一例。

古文明的神秘指數極高，相關的出版品常成為暢銷書，但學院派跟非學院派的論戰，猶如燎原的野火，沒完沒了。真理亙古長存，但有些主題確實需要理性的論辯。

持歷史進化論者，往往是今非古，而持歷史退化論者，則會是古非今。重建已消失的歷史殊非易事，好像瞎子摸象的拼圖遊戲，總是流失者多，被撈起者少。主觀的史書與客觀的史實，並非完全重疊。從時代的橫剖面切入，重建時代的縱向軸，只能謙卑地說，可能接近真相，而非發現真相。

從歷史相對主義（relativism）的視角觀之，每個時代皆各有其特色，絕對主義（absolutism）設定的標準，隨時面臨嚴峻的挑戰。出家人有出家人的固執，蛋頭學者亦有其冥頑不靈的偏見。

本書言及解密的陳年如煙往事，但潛伏的作用一直宰制現今的世局。每個人皆是數十萬年歷史的縮影。一沙一世界，一花一天堂。巨觀與微觀互補，才能看清生命的實相。

文化持續層創進化永不止息，但在某些領域，堪稱今不如昔。「哲人日已遠，典型在夙昔」（文天祥〈正氣歌〉）。天才型的歷史人物，常成千古絕唱。某些時代，天縱英才，車載斗量，而某些時代，智障、腦殘、白癡，隨侍左右。視前世累積的業力，投胎至不同的時空，有無福報，由不得自己，因咱們無法選擇父母，勿忘「來是偶然，走是必然」。

人類渾渾噩噩數百萬年，從洪荒世紀到文明的躍昇，可能有地外文明的介入，甚至進行基因改造，其情節好像推理小說，引人入勝，有致命的吸引力。

面對歷史，無限渺小，展讀歷史，使人謙卑。人們打拼一輩子，無論有多少頭銜，經漫長的時間無情的篩選，所能遺留的痕跡畢竟有限。專業知識與知名度的折舊率甚速。亙古以降，全球成千上萬名統治者的姓名和「豐功偉績」，閣下知道多少？

亞特蘭提斯大陸是研究古文明領域的當紅炸子雞，可單獨成立亞特蘭提斯學。據悉，在本世紀將重現江湖，以拯救身處第六次大滅絕的人類。二○一九年，已有通靈者洩漏天機，宣稱二○二○年是大自然跟人類「清算」的一年，卻無任何訊息指向是病毒，大概圓顱方趾的人類並非上帝，不可能全知、全能和無所不在。

青藏高原被稱為是世界的第三極，始終披著神秘的面紗。藏傳（語）佛教認為，香巴拉位於西藏西部岡底斯山脈主峰附近，為梵語「極樂世界」的音譯。居民無病痛、無死亡、無戰爭，乃世外桃源般的人間天堂。

在遠古時代所有的建築物之中，金字塔迷惑世人數千年，其建築動機及施工過程，因無史料和藍圖，均成不解之謎，已獨立成金字塔學（pyramidology），可做終身研究，至今仍無最後的結論。

特洛伊的故事原被當作神話，經考古學家鍥而不捨地挖掘，證明是並非空穴來風的真實歷史。勿忘「神話是未實現的科學，科學是已實現的神話」。

中美洲的馬雅人，是美洲印第安文明中，唯一發明文字者，可惜毀於歐洲「白皮膚神」之手，傳教士的無知及強烈的排他性，視彼等的高度文明為異端，不擇一切手段予以毀屍滅跡，帶來無法彌補的文化浩劫。

假說需經千錘百鍊才會成為真理，審判耶穌的羅馬總督彼拉多（Pontius Pilate），曾詢問耶穌「真理是甚麼呢？」（《新約全書》：約翰福音：十八：38）堪稱「大哉問」。

世界的盡頭（ultima Thule）在何處？歷代的各個民族皆有不同的解讀。浮士德（Faust）在晚年體驗走到知識盡頭的悲哀，權力與財富無法征服死亡，統治者最畏懼死亡，因「人死如燈滅」，故戮力尋找長生不老（死）之藥，到頭來都是一場空。

「上一次文明」所遺留的文物及遺跡，顛覆傳統的史觀。運動員的成績一直在破紀錄，人類的體能有無極限？歐洲啟蒙運動（Enlightenment）時期的思想家，提倡進步史觀（progressive historical view），今日觀之，實過於樂觀。如「人定勝天」俗諺，只彰顯人類的自大，登山者亦不宜再用「攻頂成功」字眼。大自然深不可測，隨時會無情地教訓人類。

莘莘學子一窩蜂搶讀醫科、商科和理工科，心中充滿功利主義（utilitarianism）的動機，對人文藝術嗤之以鼻，視文學、史學、哲學、美學毫無用處，質疑三十六計、法國大革命、第二次世界大戰有何研究價值？殊不知世界的現狀，乃數千年以降，無數的歷史事件所累積。如台灣的政治情勢，乃國共內戰的延續，必須要從歷史的脈絡中尋找未來最佳的出路。

朝九晚五的刻板生活令人厭倦，因重複又重複，不論從事何種行業，心靈必須要成長。暫時超越小我的狹窄格局，提昇至大宇宙的浩瀚領域，脫離日常生活的瑣事，神魂超拔（ecstasy）至高層次的境界，堪稱無比的享受。

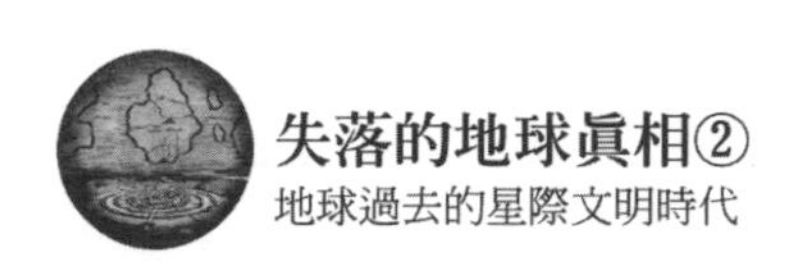

終極關懷（ultimate concern）在每個人心中的價值標準迥異，而價值觀（values）的鑄造，多來自生活體驗的淬煉。青少年的活力，中年的經驗，老年的智慧，似乎成為鐵律。人至中年才能深切體會人文素養的重要。

宇宙觀、國際觀（世界觀）、人生觀、人死觀，不時在腦海中浮現，隨馬齒徒增，而作適度的調整。疇昔被封鎖的資訊逐步解密，面臨最嚴酷考驗者，並非政治、軍事與種族，而是宗教信仰。接觸被禁忌的知識，需要厚實的心理準備，因數十載積澱的思想體系，隨時會面臨崩潰的危險。

人需要教訓才會成長，居高位者藐視或遺忘歷史的教訓（Lessons of History），故歷史經常重演，賢君↓仁君↓昏君↓暴君，循環不已，從文明的盛衰興亡中，擷取永續生存之道，將無數的小我建構成大我。歷史不應只被當作是用來考試的工具學科，理解的核心還是記憶，歷史乃蘊藏大智慧的內容學科。

閣下能想像千百年之後的大都會，是否會變成死寂的廢墟。而未來宰制地球的新生物，針對人類是否存在過的問題，或許會爭得面紅耳赤。「已過的世代無人記念，將來的世代，後來的人也不記念。」（《舊約全書》：傳道書：一：11）

推薦序三

周介偉
光中心創辦人

又一個很棒的外星訊息系列，詳實而值得參考的資訊，很期待看到其全系列的引進。

我個人尤其欣賞書中以下幾點獨特的資料描述：現代人類起源和基因來源的脈絡、地球的經絡和乙太層之進出、亞特蘭提斯之所在和興衰、看不到找不著香巴拉的原因、金字塔不為現代人所知的奧妙用途……推薦給對人類起源、古文明奧秘和外星訊息有興趣的同好及研究者們，一同來研讀此精彩的訊息！

推薦序四

劉原超
美國密西西北大學博士（一九八九）
曾任桃園美國學校校長及大學教授

「失落的地球真相」一書的出版，真的要讓許多科學家跌破眼鏡。原來人類居住的「地面」文明並不是獨立發展的活動；事實上「地面」文明在不同時期的關鍵時刻，總是受到「地內」文明的導引。地面與地內文明間的連繫從未中斷過。實質上的隧道入口，只記載在遠故的傳說或西藏古老宗教的羊皮紙卷（五種藏人啟蒙技巧）中。無論是中國的山海經記載的地內入口、西藏的布達拉宮的地道、羅馬尼亞人面獅身像下方的一個秘密通道都顯示出相同的暗示。本書將揭露三條通往地內文明的通道，人類文明的發展不只是地面、地內文明的溝通甚而與地外的連繫也不曾中止過（從南極洲雪中出現的奇異結構延伸出來一系列量子事件，起到天線的作用，它與木星衛星歐羅巴……的訊號交匯）。

這是一部精彩大作，讓人一拿起這本書就讓人欲罷不能，同時重新開啟並整理我們對於文明史及心靈發展的認知，因此，我誠心地邀請大家能一起來體驗這趟跨越時空的歷史探險之旅。

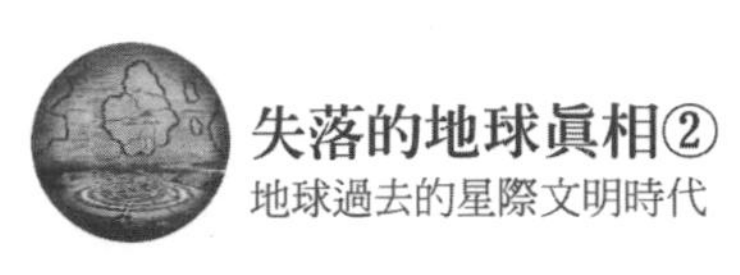

推薦序五

譚瑞琪
阿乙莎靈訊系列作者

在我自己內在宇宙探索過程，總是對高維意識傳達出來的訊息感到無比的興奮和驚嘆。人類在生物體的存續期間，真的無法以有限生命期，親炙悠久的地球歷史或是親臨聖地探索當時事件的真相。而現在地球揚升的此刻，人類意識覺醒後，確實已經可以通過探索自身內在宇宙，去還原地球原本的面貌，重現被歷史刻意掩蓋的地球真相。

這本書——失落的地球真相，書中許多訊息和我自己探索到的宇宙知識有許多不謀而合之處，比如說，當作者提及一個神秘的房間，裡面有一個裝置，主要由巨大的晶體組成，有助於將一個人的意識投射回時間。他進一步提到晶體不是一個物理時間旅行裝置，需要一定量的心靈和深奧的發展，才能把自己投射到時間中，此外，這個裝置是生物共振，因為它是調整到生理，心理和情感條件的主體，以及他們自己的過去的經驗。當我閱讀到這段描述，我直覺想到自己在阿乙莎一開始傳訊的過程就提到人類真正存在的實相，有一個重要的意識移動裝置——靈魂晶體，透過靈魂晶體可以帶領我們的意識穿越地球帷幕，契入宇宙時空，人類透過晶體結構就可以進入星際旅程。同樣是講述晶體，透過不同角度的描繪，讓我們可以得到互補和更完整的訊息全貌。

作者將地球上許多來自星際文明的訊息精彩地描述出來，不論是藏在羅馬尼亞人面獅身像下方的一個秘密裡面有五萬年前就已存在的「未來全息技術」、DNA的三維全息圖、三條通往地球內部的隧道等等，書中龐大的信息與驚人的科技，我相信這些都是人類意識穿越帷幕之後確實可以擷取到的宇宙知識。對於我來說，目前在我連結自身星際圖書館的過程，這本書更是幫助我探索跨越地球帷幕之外，進入星際交流的重要藏寶圖。

期待透過這本書揭露的關鍵訊息，讓更多靈性意識覺醒的人們得以繼續循線探索在地球上一度輝煌燦爛的文明，以加速我們的新地球誕生。

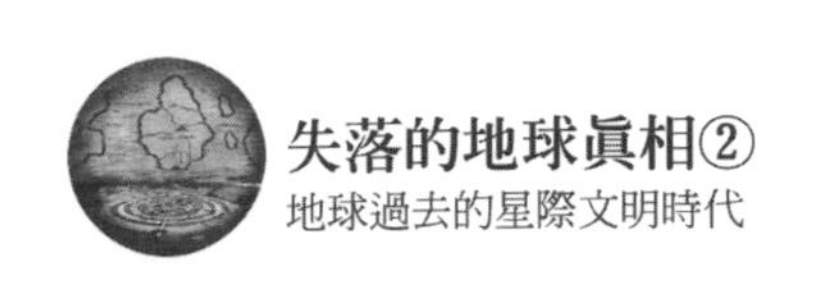

編者序

彼德・沐恩

對於尚不了解拉杜・錫納馬爾（Radu Cinamar）的背景，以及他的前一本著作的讀者，我先做一些概要式的介紹。

冷戰期間，羅馬尼亞與中華人民共和國兩個共產國家為天然（中文譯者註：政治用語。因為都是蘇聯的盟國）的盟友。羅馬尼亞試圖在最先進及極機密、難解的諜報偵查上跟上西方，由於出於對俄羅斯的不信任，向中華人民共和國尋求協助（戰略的意義）。作為文化交流項目的一部分，中華人民共和國學生可以參加羅馬尼亞的教育項目，中共政府派遣一名超心理學家協助羅馬尼亞建立一個處理超自然現象的部門。

這些事件被稱為「K事件」，以當今的流行語言來講，就是X檔案。這個特殊部門被稱為零號部門，此最高機密只有國家元首和安全首長才知道。除了供養具有超自然現象的對象，還對他們進行了培訓。建立這一獨特部門的超心理學專家為西恩博士，他在本系列的第一本書《外西凡尼亞的日出》[1]已經介紹過。

雖然西恩博士是一個令人好奇的角色，但我們在書中找不到太多有關他的訊息。我們只知道他在另一位《外西凡尼亞》系列的鼻祖之一出生之後被召入。

這位鼻祖的名字叫塞薩爾・布萊德，他出生時臍帶很厚，醫生不得拿一把鋸子把它切斷。由於這是一個異常現象，塞薩爾從出生時就受到零號部門的監督，並從很小的時候就與西恩博士建立了密切的私人關係。塞薩爾在一系列的精神和心理訓練中接受過訓練，他接受過的一連串的超自然訓練完全超乎你的想像。

正如命運會清楚地證明那樣，西恩博士栽培塞薩爾，讓他成為人類歷史上最偉大的考古發現的管理員與守護者：在羅馬尼亞人面獅身像下方的一個秘密且難以接近的房間，裡面有五萬年前就已存在的未來全息技術。

在這個可以被稱為虛擬諾亞方舟的房間裡，遠遠超出了那些生活在聖經時代（甚至是我們這個時代）的人之思維和經驗能力。這個房間裡有一種神奇的黑科技：人們將他們的

1 你現在所讀的《失落的地球真相》是拉杜・錫納馬爾（Radu Cinamar）系列叢書中的第六本，與彼德・沐恩（Peter Moon）的《白蝙蝠》合稱為外西凡尼亞系列。先前的作品包括《外西凡尼亞的日出》、《外西凡尼亞的月光》、《埃及之謎：第一條隧道》、《秘密羊皮紙：五種藏族啟蒙技巧》，以及《在地球內部：第二條隧道》。

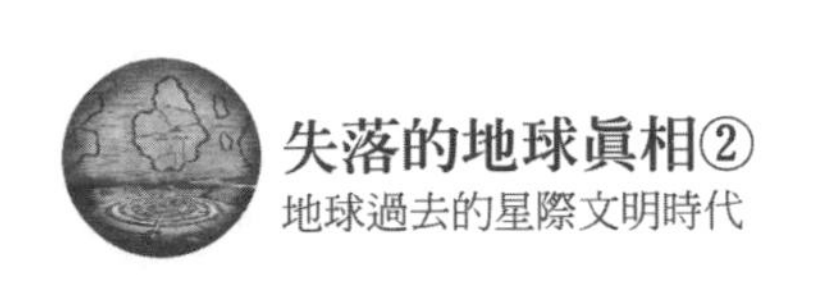

手放在桌子上，就會看到自己的ＤＮＡ呈現在三維全息圖中。桌子上的其他設備可以讓人們看到來自其他星球的外星物種的ＤＮＡ，並伴隨著恆星的渲染，這樣人們就可以看到他們真正的起源地。通過將兩隻手放在桌子的不同位置，人們還可以「混合」兩個物種的ＤＮＡ，以觀察他們混種後的樣子。由於桌子本身有六英尺高，與今天的人類相比，建造它們的生物是巨大的。

這個驚人的房間還包含了一個投影大廳，在這裡可以看到地球歷史的全息投影，並且提供每個人個人化的觀看體驗。不過當中記錄的歷史只到西元前五世紀就中斷，大概是因為缺少軟體更新。投影大廳裡還包含了三條可以通往地球內部的神祕隧道，在伊拉克、蒙古、西藏與埃及吉薩金字塔也有類似的設施。

雖然塞薩爾在西恩博士的指導下，命運般地成為這些非凡考古發現的監督者，但寫下這些發現及其影響的內容並不是他的職責。隨著這些事件的揭露，塞薩爾親自挑選了拉杜·錫納馬爾來寫這些書。作為拉杜的導師，塞薩爾對他進行了一次速成教育，讓他理解這一發現背後的所有政治陰謀，同時也向他介紹了心靈現象和不可思議的世界。我們在這個系列的第一卷《外西凡尼亞的日出》就知道這個事實，但我們不知道塞薩爾挑選拉杜的確切原因。我只能告訴你塞薩爾是一個內行人，他非常清楚自己在做什麼。他的靈性敏銳度是無與倫比的，在這個例子中證明這一點。拉杜成功地完成這項工作，現在這個系列已經有五卷英文版本。

你可能會覺得這項發現是一個啟迪人類的良機，並利用這項新發現的科技所提供的一切為人類帶來福祉。大多數參與這項秘密計畫的羅馬尼亞人也這麼認為。然而，情況並非如此。

塞薩爾告訴拉杜，當五角大廈透過衛星上的探地雷達時，這個秘密的、以前不為人所知的密室才被發現。可以理解的是，美國人會利用他們掌握的所有科技來偵察地球上所有的異常現象和資源。不論對錯，這就是國防部的目的。然而，這一情報最具挑戰性的是，五角大廈的共濟會成員將這一消息提供給一名在義大利的共濟會領袖馬西尼（Signore Massini），作為隱藏在幕後的全球菁英組織集團，希望自己能夠進入和控制這個密室。馬西尼不約而同地找到了當時擔任零號部門的部長塞薩爾，尋求他的合作。塞薩爾卻不信任馬西尼，儘管如此，基於政治的因素，他被迫在一定程度上進行合作。一名義大利共濟會員的邪惡動機促成了羅馬尼亞與美國前所未有的同盟，羅馬尼亞也因此成為了北約成員。這些政治陰謀的細節在《外西凡尼亞的日出》一書中有詳細描述，並且詳實地講述了塞薩爾的生平以及他參與這些驚人文物發現的故事。

當神秘莫測的西恩博士通過嚴格的訓練和教育計畫，讓塞薩爾得以揭開這個密室時，西恩博士已逐漸被淡忘，看似也與背後的政治及邪惡的陰謀毫無關聯。無論如何，西恩博士是利益當事人，也是這些書中所揭示的資訊之確切來源，這一點在該系列的第二本書《外西凡尼亞的月光——在神之神秘國度裡秘密開始》中清晰可見。

《外西凡尼亞的月光》始於一名羅馬尼亞編輯索林．胡爾木茲（Sorin Hurmuz），他引述了多名羅馬尼亞新聞界的專家來證明這個故事的可信度。除了上述事實，你可能會感興趣的是，在 Google 地球上羅馬尼亞人面獅身像附近的一個關鍵區域被塗黑了。此外，在二〇〇三年羅馬尼亞人面獅身像附近進行挖掘時，有人看到美國人集體出現。我還與羅馬尼亞各地有名望的人士進行了交談，他們認為這事件是有探討價值的。究竟發生了什麼，以及所有的細節在很大的程度上依舊成謎，但拉杜的書為我們提供了唯一的線索。除此之外，它們是了不起的故事和教材，將世俗政治、神祕學及前沿技術相結合。

拉杜在《外西凡尼亞的月光》的敘述始於一名叫艾利諾（Elinor）的神秘男子，他試圖聯絡此書的作者拉杜，但卻受到編輯索林．胡爾木茲的百般阻撓。事實上，索林從未與拉杜見過面，他們只透過快遞或預約的電話卡溝通。當艾利諾表明自己一位西藏喇嘛代表時，索林和拉杜一改先前的態度，最終正式安排了會面。這次會議充滿了形而上學啟示的全貌，它提出了一個全新的典範，通過這個典範來看待《外西凡尼亞的日出》中描述的事件。

拉杜對古老的煉金術和不朽的前景進行了令人驚歎的灌輸，拉杜會見了喇嘛，喇嘛透露自己不是別人，正是西恩博士，並說明道，在中共侵略西藏時，他曾在拉薩的皇家宮廷中以日巴桑迪（Repa Sundhi）的名義服役。為了脫罪，他最終被中共政府雇用，並採用了不同的身份，也就是西恩博士。

日巴桑迪與拉杜的這次會面有一個非常具體的議程，它與外西凡尼亞系列第四本書：《秘密羊皮紙——五種藏人啟蒙技巧》（稍後將詳細介紹）的重點內容有關。在《外西凡尼亞的月光》中，拉杜得知喇嘛想帶他去外西凡尼亞的阿普塞尼山。一旦到達那裡，一個神秘但描述良好的空間轉換發生了，從字面上看，就是把他們運輸到了另一個地方。他們（以及仍留在他們公司的艾利諾）被帶到西藏某些稀薄的高峰，而這些高峰是人類無法通過正常的交通方式所能到達的。拉杜被護送進一個山洞裡，在那裡，他遇到了外西凡尼亞系列的另一個始祖。她的名字是馬查迪（Machandi），她是一個藍色女神和怛特羅空行母，她不僅教育和啟迪拉杜，還給他一個古老的手稿。該手稿將由古代藏語翻譯而成，首先以羅馬尼亞語出版，最後被翻譯成英語，它是《秘密羊皮紙》的核心部分。

雖然《外西凡尼亞的月光》中提到了《外西凡尼亞的日出》中的人物，且同樣發生喇嘛的戲劇性事件，但是，這兩本書卻有著天壤之別，能夠從完全不同的角度對整體局面起到相得益彰的作用。

外西凡尼亞系列的第三本書《埃及之謎——第一條隧道》也不例外。拉杜被招募加入零號部門，與塞薩爾一起進入布塞吉建築群投影大廳的神秘「第一隧道」。這通向了埃及吉薩高原下的一個隱藏的密室。他們所發現的驚人秘密並不亞於前兩本書所揭露的內容。

這次任務的目的是找回條理整齊的石板狀平板電腦。這些平板電腦實際上是一種古代「DVD」，可以投射出世界歷史的全息「記憶」。這些平板電腦不需要投影器即能播放。由於數量眾多，他們只能希望將一部分平板電腦送回自己的基地，再送往美國進行詳細研究。就算他們不能在一次任務中將所有的東西找齊，因為這需要一批人員花相當多的時間來觀看。

還有一個神秘的房間，裡面有一個裝置，這裝置由巨大的晶體組成，它可以讓意識回到過去的時間，但這不是一個物理時間旅行裝置。需要留意一個重點，它需要一定程度的心靈和深度意識的發展，才能經得起把自己投射到時間中的嚴酷考驗，即使不使用肉體。我們還明白到該裝置具有生物共振性，因為它會根據受試者的生理、心理和情感條件以及他們自己過去的經驗因而產生不同的變化。也可以說，我們會有不同於其他人的經歷。

時間裝置的另一個引人入勝的部分是存在一定程度的審查機制。當塞薩爾試圖將他的意識投射到過去中去找尋此裝置的發明者時，他遇到了障礙。雖然該裝置在某些方面提供了廣博的和有用的資訊，但它當中奧秘是不能被滲透的，至少在這個特定的時期是這樣的。而這些部分引起的猜想不絕於耳。

這些審查問題引起了一些爭議，因為塞薩爾在時間裝置中轉述了他最初的經歷，他回到了耶穌的第一世紀時期。拉杜還講述了他在投影大廳（羅馬尼亞人面獅身像下方）親眼目睹耶穌受難事件時的最初經歷。這個說法中包含不明飛行物在一場幾乎無法抵禦的雷雨中肆虐，恐懼的群眾爭相拯救自己的生命。這留下了一個很大的爭議，因為這個結果已經令不少人質疑作者的真實性。不過，我要補充一點，到目前為止，大多數讀者對所回覆的解釋卻深信不疑。

他們喜歡這本書，對作者不加評判。然而，這種體驗最相關的方面也許在於促進這種體驗的裝置是生物共振的。無論所呈現的事件是否在傳統意義上是真實的，它們肯定是集體意識幾千年來一直與之鬥爭的事件。

然而，在《埃及之謎》中發生的事情被第四卷《秘密羊皮紙》中發生的事情所取代。拉杜發現自己正處於政治和陰謀之中，這場陰謀是圍繞著控制羅馬尼亞人面獅身像下的全息密室展開的。因此，拉杜被派往美國，參加五角大廈的一個遠程觀察項目，這一切都是為了化解不斷加劇的政治緊張局勢。當陰謀升級為一場全面的政治和秘密戰爭時，有高級精神力量的介入，其中之一包括拉杜被召回羅馬尼亞，以便與日巴桑迪會面，以便翻譯馬坎迪送給他的古代藏文手稿或「秘密羊皮紙」，如《外西凡尼亞的月光》中所描述的。

雖然羊皮紙介紹了五種寶貴的精神提升技巧（這些技巧與已知的瑜伽練習「西藏五種

禮儀」不同），但它在世界上的存在引發了一系列量子事件，從南極洲雪中出現的奇異結構延伸出來，起到了天線的作用，它位於木衛二歐羅巴（木星的天然衛星之一）、德納利峰（舊名麥金利峰）和外西凡尼亞的訊號交會處。

儘管發現這種外星連繫的發現令人難以置信，但當美國人得知通往外西凡尼亞的訊號顯示一條純金隧道的通道，延伸數英里到地下，導致破壞羅馬尼亞零號部門結構的企圖升級時，古老的象形文字嵌在黃金中，表明該地區是「所有世界聯合起來」的內部地球的紐帶。還有更多象形文字和一個神秘的門戶，似乎是通往外太空的直接通道；而且，據推測，是另一個宇宙的外太空。

這些發現是由一位康斯坦汀教授發現的。他報告了這些發現，並帶著政府的一個小組去調查。這之後，他就被迅速帶走了，從此杳無音信。儘管調查人員被殺，康斯坦汀教授還是向塞薩爾．布萊德做了一份總結報告；而這類報告被認為是羅馬尼亞國家的最高國家機密。即便如此，零號部門仍然無法找到任何通往這些通道的任何通道，儘管付出了相當大的努力，但沒有進一步的發現。儘管馬坎迪的秘密羊皮紙已經被翻譯出來，我們也得到了它特有的智慧，但是《秘密羊皮紙：五種西藏啟蒙技巧》卻給我們留下了一個懸而未決的巨大謎團。

我也為這本書做出了貢獻，我透露了自己在該地區的冒險經歷，學習古代傳說，以及這些傳說如何融入拉杜的冒險計畫。原來，康斯坦汀教授確實是一個消失了的真實人物，我甚至看到了他曾經居住的地方。這裡還有一個黃金寶座之轂，正是在這一地區，我發現了我所遇到的最了不起的發現之一。

儘管在之前的任何一本書中都沒有提到，但我在二〇一四年被一位羅馬尼亞考古學家帶到了一個洞穴。這個洞穴被稱為喬洛維納洞穴，它是羅馬尼亞最偉大的考古發現之一，它表明一個文明確實佔據了拉杜提到的地心和附近的洞穴。喬克羅維納（Cioclovina）洞穴代表了一種宏大的中央洞穴站，與之相連的還有七個洞穴，代表了至少七公里長的隧道。

雖然上述關於喬洛維納洞穴的發現與拉杜的說法有很大關聯，但我的科學家朋友大衛・安德森博士（David Anderson）的證實更令人吃驚。他最初於二〇〇八年將我帶到羅馬尼亞，他首次透露，喬洛維納洞穴是有史以來最大的時空動力的釋放地點。時空動力是安德森博士創造的一個術語，用來表示在參考系拖曳（Frame-dragging）[2]過程中發生的

2 中文譯者註：參考系拖曳（Frame-dragging）為愛因斯坦的廣義相對論預言了處於轉動狀態的質量會對其周圍的時空產生拖曳的現象，這種現象被稱作參考系拖曳或慣性系拖曳。因轉動而產生的參考系拖曳的相應理論最早由奧地利物理學家約瑟夫・冷澤與漢斯・提爾苓於一九一八年通過廣義相對論推導出，因此參考系拖曳也常常被叫做冷澤——提爾苓效應。

時間膨脹而釋放的能量。如果你對這方面有進一步的興趣並想得到一個完整的解釋，你可以在我的網站上 www.timetraveleducationcenter.com 觀看系列影片《時間旅行理論解釋》（Time Travel Theory Explained）。

《外西凡尼亞的月光》一書的附錄中也解釋了這一功能，用外行的話來說，所有這些都意味著安德森博士的發現表明，這一地區是重型時間旅行實驗的地點。他完全驚訝於我在羅馬尼亞探險時偶然地發現了這個地區。請注意，這個區域從來不是我感興趣的目標區域。我在一個休息日，在我認識的考古學家的慫恿下被帶到了那裡。他對時間實驗之類的東西一無所知。順便說一句，考古學家告訴我，我向他轉述的關於拉杜的書的故事，他當時還沒有讀過這些，但是與他所聽到的關於該地區的許多故事有關。

雖然安德森博士和我在羅馬尼亞的其他同事對許多所謂的「旁道」或補充線索非常感興趣，但我現在不談這個問題了。拉杜非常瞭解安德森博士，甚至有興趣與他會面。很有可能所有這些不同的線程有一天會凝聚成一個單一的同質線索。

拉杜的第五本書，題為《地球內部——第二條隧道》，指的是羅馬尼亞人面獅身像下方房間裡的投影室中的一系列三條隧道中的「第二條隧道」。《埃及之謎》系列第三本書名中命名的第一條隧道，其通往吉薩高原下的一個密室。第二條隧道，通往地下都市和設施。第三條隧道通往西藏，分支通往喀爾巴阡山脈（靠近羅馬尼亞的布澤烏），然後通往伊拉克；再從那裡通往蒙古和戈壁高原。

《在地球內部——第二條隧道》開始於對地球物理學的一個相當冷靜的評估，以及它與地核的關係，還有對這個神秘區域的無數誤解，這個神秘區域通常被稱為「地心」，而且也總是被錯誤地稱為「空心地球」。

拉杜的老朋友兼導師西恩博士對這些不同的方面給予了相當透徹的解釋，並對科學和黑洞的起源提出了非凡的新見解，這些見解最終將深入學術殿堂，徹底改變科學對此類主題的思考方式。書中還對一七九九年卡文迪什實驗的致命錯誤有詳盡的解釋，該實驗是證明地核是被熔岩包圍的大量鐵鎳合金的「黃金標準」。你將了解到，後來證明這一結論的實驗是建立在一個沒有經過嚴格檢查、實際上是錯誤的實驗基礎上的，這相當於是離譜的假設。你還將了解到，居住在地球核心的確實是一個黑洞，在科學之外，還有拉杜與塞薩爾的非凡冒險，兩人訪問了地球內部的神秘區域以及佔據該區域的多種文明。這裡有許多令人驚奇的會面，也有關於促進「地球內部」神秘區域之間交通的科技描述。拉杜還讓我們一窺傳說中的香巴拉城，一個位於地球內部本身核心的天堂，那裡的平衡與和諧是文明的基礎。不管你對拉杜的冒險最終看法為何，你都會接觸到一種新穎的示例，它會改變你對世界的看法。

拉杜的書中最令人欽佩的一點是，雖然熟悉的面向和人物對他們來說都是共同的，但每一個都是獨特的，集中體現了不同的面貌。《失落的地球真相》也不例外，在這裡你將閱讀到關於人類歷史被遺忘的起源。

彼德・沐恩

長島

二〇一九年五月十一日

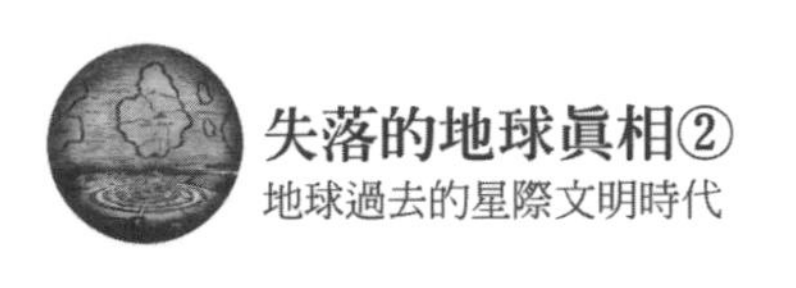

作者手記

我懷著濃厚的興趣寫了這本書，是為了想讓讀者了解人類歷史真實的根源與基礎。這個任務始於二〇〇四年，一切從目睹投影大廳中人類「被封鎖掩蓋」的各種令我震驚的過去影像之後，我開始了這個探索。

我沒有快速地完成這個任務有兩個主要原因。一方面，我沒有足夠的資訊來對人類從起源至今的命運提出一個可評估的觀點；另一方面，當時的我也沒有得到允許來透露我所發現的事實，哪怕是很小的一部分。

甚至在今日，也有人建議我不要披露人類歷史上某些「微妙」的事件，因為這些事件可能會動搖各階層群眾的宗教基礎。還有其他一些敏感的政治和地緣戰略事件，這將會引發可能出現的政府問題或「難堪」，而應予以保留。在我寫完這本書的正文並審閱修改後，我意識到我所要提供的東西可能相當複雜，並且會造成棘手的局面。

一段時間裡，我一直在躊躇，不知道該怎麼做。直到我意識到將事情單純化可能會產生其他問題，最後，我還是決定「冒著風險」出版完整的版本。

不過，我敢向讀者提一個重要的建議。至少必須將這本書的第四、第五、第六和第七章仔細閱讀，以便理解「人類計畫」的根源。重新讀取其內容對於了解那些遙遠的時代所發生的事情將能有所裨益。

儘管本書提出的概念似乎很難理解，但我認為有必要向前邁出一步，揭露一些更深層次的問題。我還相信，我所寫的前幾卷中的內容，已為本文的深奧概念和其他含義奠定了相當的基礎，以利本卷及其後續內容的閱讀上具有前後連貫性。

我將繼續採用這種更為詳細的方法，因為它在當前時代背景下是必要的。我希望這一系列書籍的讀者能夠正確地理解我的做法，同時明白我向世界揭露現實中不為人知的部分這份真誠的心願。

拉杜・錫納馬爾

第8章 可以從地表的任何地方進入地心：高意識和能量的香巴拉王國

香巴拉世界代表了一種非常高的意識和能量顯化的頻率，與地球有關，與這裡生命的存在有關；但不能說它在地球表面之上或之下，因爲這只是處理這種情況的一種有限方法。它在乙太層中被顯化，不是必須在物理層中的某物之內或之外。過去人們可以從地球表面輕鬆進入香巴拉領域，很容易地從物理層面移動到乙太層面，其中一些最著名的「通道」是在山區。幾萬年前，這是屢見不鮮的事情。由於E-N-L 生物他們的意識水平很高，可以快速進入香巴拉，甚至一些 E-N-K 生物也可以達到這個境界，因爲在土壤表面或水上，物理層面和乙太層面之間有相當多的匯合點。

所謂的「香巴拉神話王國」，實際上，它是一個明顯的事實，與我們非常接近，只有那些沒有接觸到它的真相，或沒有精神上的因緣關係來理解這個重要話題的人才會去否認它。在某種程度上，可以說香巴拉甚至存在於地球上，至少在二七五〇〇年前，它從地表被巨大地「吸收」了。在外西凡尼亞系列的前一卷中，我在「地球中心」中介紹了一些關於這片聖地的元素，其中我描述了我從遠處看到的宏偉建築。[3]

3 見《地球內部：第二條隧道》，二〇一九年出版，第7章。

從地表輕鬆進入香巴拉

很多人可能會問這個問題，「好吧，但如果香巴拉真實存在，那麼它到底在哪裡？這個地方有什麼特別的嗎？它真的在地球的中心嗎？」

我們首先必須理解，這些只存在於三維物理層面中的特定問題，以特定的空間和時間規律為特徵，但是當提到乙太層的現實時，它們是沒有意義的，乙太層的特徵是四個維度（三個空間和一個時間）。理論上，從物理層進入乙太層，沒有特定的空間。乙太層中的某些東西——在本例中是香巴拉的領域——可以從物理層的任何地方進入，但要能如此，必須先提高觀察者意識中的振動頻率。

香巴拉可以在「地球中心」找到，因為靈性在那個區域更為持久，而且它不僅出現在地球表面的孤立中心或地方。然而，理解香巴拉實際存在於「地球中心」是一個錯誤，因為這樣的問題可能會出現：如果香巴拉在地球的中心，那麼它怎麼可能反映在地球表面，在我們生活的這個世界上？

因此，必須正確理解這件事。香巴拉世界代表了一種非常高的意識和能量顯化的頻率，與地球有關，與這裡生命的存在有關；但不能說它在地球表面之上或之下，因為這只是處理這種情況的一種有限方法。它在乙太層中被顯化，不是必須在物理層中的某物之內或之外。

沒有足夠覺知深度的人無法理解這些微妙的現實，並且傾向於應用他們所知道的經典物理學定律從更高的微妙層面解決或調查現實，但這是不可能的。解開這些「謎團」的唯一方法是提高個體的振動頻率；也就是說，存在的精神進化並隱含地將其轉化為更高的意識水平。

然而，有時甚至可以從地球表面輕鬆進入香巴拉領域。人們可以很容易地從物理層面移動到乙太層面，其中一些最著名的「通道」是在山區。幾萬年前，這是屢見不鮮、不足為奇的事情。由於E—N—L生物他們的意識水平很高，可以快速進入香巴拉，甚至一些E—N—K生物也可以達到這個境界，因為在土壤表面或水上，物理層和乙太層之間有相當多的交會點。

香巴拉代表乙太層中高度的靈性

全息螢幕上的香巴拉歷史的影像摘要告訴我，在一個靈性兄弟會誕生的時候，香巴拉的歷史開始形成。正如我在全息螢幕上的照片中看到的，它形成的雛形出現在西元前十萬至十二萬年間，但沒有明確的方向。這是關於只有具有高度精神實現的E－N－L生物才能生活的領土的存在。我意識到只有那些高度進化的生物才能生活在這些區域，因為他們在物質層和乙太層都能夠輕鬆生活；也就是在三維和四維平面上。因為他們，那些乙太王國與物理層「配對」，而E－N－L生命可以在任何時候從一個層移動到另一個層，這允許其他進化類型的生物，例如外星生物，但不允許E－N－K生命。大多數E－N－K生物的進化水準是原始的，他們更喜歡對「神」的崇拜，而「神」絕大多數實際上是屬於他們自己較發達的E－N－L系。就我所知，香巴拉是由一種「精神選擇」形成的，在那些能夠進入乙太維度所包圍區域的生命之間，以高振動頻率為特徵，那些意識水平沒有充分發展的人無法進入那裡。換句話說，有些人可以穿透並留在那些乙太「區域」，而另一些人則不能。

很長一段時間以來，在這些區域，物理層和乙太層「共存」，因為這兩個層的一般頻率非常接近。另一方面，由於E－N－L和E－N－K分支之間存在多重混種，物理層和乙太層之間的連結也是可能的，每一個人都處於靈性的不同階段，這些階段產生了所謂的「半神」，這些人成功地從一個層面過渡到另一個層面，從而能夠將資訊從乙太層面的區域傳送到E－N－K。

更高的乙太頻率是形成後來成為「香巴拉王國」的萌芽。在這些地區，地球神聖精神的一面得以發展，因為居住在那裡的E－N－L人對靈性最深層的方面有著高度的理解。在幾萬年之後，由於反覆的微妙旅程，在E－N－L人居住的不同區域之間創造了某些強烈的微妙連繫，那些是振動頻率提升的乙太區域。它們通過我們已經討論過的那些「微妙能量連接的橋樑」，放大了它們與地球內部區域的微妙連繫。

因此，與地球表面和內部所有的精神文明領域都建立了連繫。以這種管道，香巴拉的誕生正是由生活在這種高境界中的E－N－L人一致決定的，以保持一種與E－N－K所居住的領土分離的身份。

顯然，香巴拉現在是個大城市，但實際上，它代表乙太層中的許多領域，這些領域的特點是高度的靈性。正如我所說，它最初由物理層的幾個「區域」組成，乙太層也可以在其中發展。當地球表面的條件——無論是物質的還是精神的——惡化時，這些乙太區域結合成一個和諧的結合導致香巴拉「撤退」到乙太層，這實際上意味著與物質層的連繫急劇減少，我將在下方說明。

香巴拉的精神使命——地球的保護者和精神支持者

香巴拉的最初意圖是在塔爾斯人的巨大戰爭之後實現地球的精神使命，所以在西元前五萬年和特別可怕的衝突之後，我不妨稱之為「征服香巴拉的戰爭」，這是成為這個神聖王國的主要原因[4]，當時還沒有一個名字來命名它，如「香巴拉」或其他變體；至少我沒有注意到影像中有這樣的內容。生活在這些土地並在更高乙太維度擁有「雙重身份」的E—N—L智者們明白，我們星球上的生命需要支援，因為衝突的力量變得非常強勁。香巴拉的居民開始在這方面採取行動；儘管在接下來的幾千年裡，物質層中的鬥爭沒有停止，但它們不再那麼激烈且具有破壞性。

後來，據我所見，在西元前三萬年到西元前二萬六千年之間的那段時間裡，戰爭是漫長而痛苦的，但與地球上外星文明之間可怕的對抗不同，大約十萬年前，這段時間的戰爭只是人類之間的戰爭，尤其是來自E—N—L和E—N—K兩個分支的人類混種，但也有來自E—N—K分支的混種。然而，他們得到了某些外星文明的支持，特別是在西元前二萬七千年大行星理事會的「影響區域劃分」之後。E—N—L生物在這些戰爭中的參與相

4 見本書第九章。

當薄弱，衝突愈來愈少。衝突是血腥的，尤其是發生在我們今天所知道的歐洲地區，但我並沒有把重點擺在這裡，只是在那些時期「遊蕩」。氣氛很緊張，我感覺到戰爭形勢的衝突，看到人們逃跑的畫面，甚至戰鬥武器的特定聲音。

由於這種緊張的局勢和整個星球上的靈性明顯下降——起因於E—N—K生物數量的急劇增長和E—N—L生物數量的逐漸減少——大約在西元前二萬七千年，大行星理事會決定將香巴拉存在的區域與地球上其他的區域和頻率分隔開來，以便地球上大部分的靈性教導和知識將集中在香巴拉。

香巴拉的「撤退」分兩個階段進行。一開始，在大行星理事會做出決定之後，更多的是對其餘人口的「劃分」，主要是E—N—K。因此，能夠到這個領域的條件將受到更大的限制。後來，在最後階段，香巴拉完全「再吸收」到微妙的乙太層面。據我所知，這發生在大約西元前二萬五千五百年。

在微妙的層面上復活——這是大行星理事會決定的結果——和進化人類的精神中心而形成的。在此之前，香巴拉並不單獨存在，但我們只能說，在與地球物質層相交的乙太層面上有「深刻的靈性顯化區域」。現在居住在香巴拉的大多數生物實際上是來自前先進文明的生物，大部分屬於E—N—L分支。由於這些生命是真正的精神導向，他們被地球上其他的人所認可；香巴拉因此成為地球的保護者和精神支持者。

人類的精神黑暗，香巴拉的境界對高度靈性的開放

儘管香巴拉代表了靈性的參考指標，它可以提供人類的支持，但人類不再那麼容易接近得到香巴拉，甚至連混種的E－N－L和E－N－K人也不再容易出現，所有這些都與人類在全球層面上意識振動頻率的降低有關。一般來說，香巴拉只有在地球的一個區域或一個生物變得足夠靈性，從而與這個神聖領域的高頻振動共振時，香巴拉才會被顯露。

香巴拉從物質層面（它提供的援助可能更為有效）的退出之後，是另一次「決定性的一擊」，那是壓垮駱駝的最後一根稻草，使地球表面最後的精神支柱和先進的科技水平最終崩潰；我指的是亞特蘭提斯的毀滅。亞特蘭提斯的沉沒也意味著我們的星球「沉沒」到一個深深的精神黑暗中，這個黑暗已經延續了幾千年。

然而，在香巴拉的推動和支持下，新的靈性中心逐漸出現在地球上，並在全球不同地區發展起來。問題是我們星球物理層的頻率和乙太層的頻率之間差異已經變得太大，很難允許——就像很久以前的情況一樣——兩個層面之間的「經驗交流」。正如我所說，一個來自物質層的人類只有在達到或至少接近其振動頻率水準時才能進入香巴拉王國。

至於香巴拉的居民，他們實際上是E－N－L基因的「延伸」，但在這些生物中，有一些在混種的E－N－L和E－N－K分支上繼續進化，還有那些從精神角度充分進化的

E—N—K生物。我也看到香巴拉的境界對高度靈性進化的外星生命是開放的，而且與他們的合作關係到人類未來的命運。

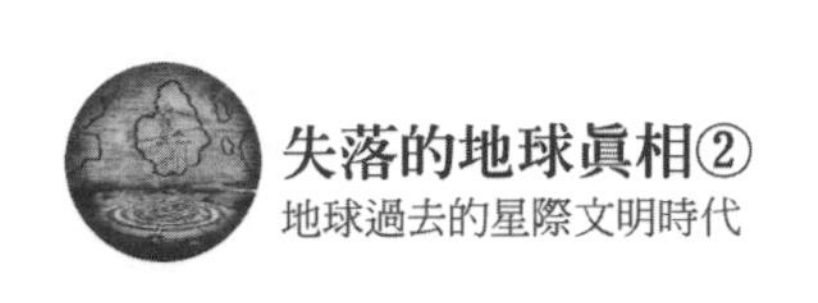

香巴拉的形成

像往常一樣，由於我特別想深入研究這個主題，此時我在全息螢幕上做了一個總結，這有助於我更好地消化資訊。我也知道經常可以獲得一些額外的細節。螢幕上的影像被重新配置，並集中在決定形成一個行星的精神中心。這個決定是在西元前五萬年後由許珀耳玻瑞亞文明的E—N—L做出的，他們決定進一步支持E—N—K基因，因為由這類生物形成的人類文明必須而且仍然需要巨大的幫助。

大約在西元前三萬年，與地球上居住著E—N—L生命的其他乙太焦點區域接觸過的許珀耳玻瑞亞人注意到，乙太層不再「依附」於物理層。然後他們提出，地球附近乙太層的「區域」被深深靈性化，以聯合起來形成一個強大的王國，一個支持人類的精神中心，主要由E—N—L生命組成。

在乙太層中，不同乙太區域的結合，與地球表面的物理層「相交」，通過展現那些E—N—L生命的共同意願而變得相當容易。這是可能的，因為存在於乙太層那些「區域」中的一切，被「建造」在同樣的靈性規則之上，根據普遍親和力法則被吸引和結合。這導致了一個乙太統一，這是地球上所有乙太區域所共有的，展現了一種崇高的靈性。因此，地球的一個精神中心被建立起來，它是通過聯合各自的「區域」而形成的：最初，這個新的領域被稱為阿納貢，這發生在西元前二五五〇〇年左右，在完全撤退到乙太層之後。後來，可能由於屬於隨後文明不同文化的影響，加上時間的印記，這個中心被稱為香巴拉。

第9章

超可怕的星際大戰－大塔爾戰爭：物理層和乙太層的分離

西元前五萬年的大塔爾蘇斯戰爭破壞了許多向乙太層面過渡的地區，後來導致乙太層面與物質層面的分離。這是維度的重新排列。由於當時發生了非常血腥的戰爭，來自E-N-L和E-N-K分支的衆多混種生物不再支持物理層和乙太層之間的連接，因此他們分開了。

大約十萬年前的這段時期，對人類來說是非常「黑暗」的，因為它牽涉到當時地球上存在的許多外星文明之間毀滅性的衝突。我甚至會說，這是我見過與地球有關的最可怕的對抗，它完全是來自外星球。所有交戰方都是外星人，對自己的領土或勢力有爭議。這是一個非常困難的時期，也是一個「破裂」的時期，因為當時許多文明從他們加入的銀河聯盟中脫離出來。

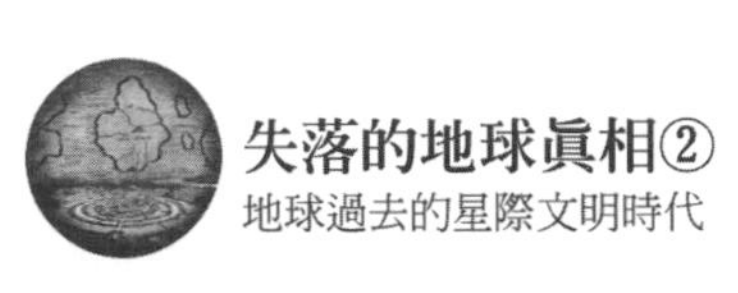

邪惡的爬蟲人試圖征服行星和文明

由於科技非常先進，所使用武器的性質，令地球表面的生命遭受了很大的痛苦，在一些現在處於水下的地區，它被徹底消滅了。我看到了這場衝突的可怕畫面，它發生在地球大氣層內外的宇宙空間中。令我震驚的是，戰鬥的激烈程度如此之高，以至於從地面上看，地球上大部分的天空幾乎是紅色的。

這場衝突是前所未聞的殘酷。巨大的爆炸在地球表面留下了巨大的碎片。我還看到了之後他們如何通過「粉碎」來「提取」這些殘留物，將它們吸收到像集裝箱的巨型船隻上。那時，在我的腦海裡，我稱他們為「拾荒者之船」，他們可能是巨大的運輸船。奇怪的是，那場可怕的衝突不是原子能衝突。我看到了幾次，讓人想起核彈爆炸，但它們的強度比當時發生的其他爆燃要小。

爭執的主要根源是性質複雜的，它涉及到銀河系中一個具有爬行動物特徵的邪惡種族。在宇宙的經濟結構中，爬行動物似乎有著特殊的命運，因為它們出現在種族或文明進化的關鍵點上，即使它們的行為在這方面是無意識的，僅出於自私、控制和壓迫的目的。

從我所見的陳述中，爬蟲族的壽命很長；為了發展，他們尋求一塊合適的「土地」來「取食」，也就是說，邪惡的爬蟲人試圖征服行星和文明，以利用它們實現自己的目標，但採取這種方式是為了不必太擔心它們。由於科技相當先進，它們的目標是滲透到銀河系中那些已有足夠先進的文明，但遠遠不如自己的那些恆星區域和系統。他們對於原始文明或處於技術進步初期的文明不感興趣，因為他們的目標是那些已經有一定潛力、相對容易被征服但仍有一些用途的文明，這取決於他們的發展水平。

從這個角度看，可以說爬蟲族是務實的。如果各自的文明是原始的或者處於太弱的發展水平，這意味著或需要不斷努力「放牧」他們，他們不想這麼辛苦。另一方面，如果他們征服得太多且太快，那就超過了佔領和控制的可能性。這就是為什麼邪惡的爬蟲族表現出驚人的耐心，專門通過顛覆性的行動進行滲透。他們腐化和征服一個先進的文明，不一定是通過任意破壞、掠奪然後離開該星球，而是專門從暗中敗壞、密謀和耗損。

換句話說，在大多數情況下，它們並不是野蠻的掠食者，而是通過雜交和引入低振動頻率的基因，在更精細的層面上發揮作用。他們知道，如果他們能在一個種族中破壞足夠多的ＤＮＡ，最終將保留他們的基因。這種特定的印記在一個種族的ＤＮＡ上印得愈深，對爬蟲族愈好，因為當涉及到決定和行動時，他們將能夠更容易地影響它。

雜交造成的腐敗，危險文明所引發的負面共振

因此，他們的計畫是不那麼暴力的、直接或大規模的宇宙鬥爭。一個更長期的策略是用一些種族的ＤＮＡ注入他們自己的ＤＮＡ。隨著時間的推移，他們知道這一行動將至少在某種程度上腐蝕我們的種族，至少在某種程度上，這些弱點可能會被用於他們自己的目的。

就這樣，邪惡的爬蟲族最終以間接的方式腐蝕了先進的文明。正如我所說的，他們總是把自己定位於那些不太發達但仍然屬於宇宙聯盟或進入發達文明的文明。通過應用雜交方法，他們只是將邪惡的病菌灌輸到那個文明或發達文明的聯盟中，把他們的混血種放在重要的地方，從而在這個聯盟的安全和良好理解上造成差距。這是一個非常具有顛覆性，且有效地傳播他們的邪惡勢力在銀河系。這也是他們在地球上的行為方式。

通過滲透銀河聯盟成員的一些文明，甚至是從原始天狼星傳下來但定居在天狼星Ａ星以外的恆星系統的文明，他們將自己ＤＮＡ的元素傳送給人類。

讓我有些吃驚的是，這滲透不是大規模的，而是一種微妙的途徑。我們已經看到，通過某些雜交行為，它們的基因最初破壞了少數人的ＤＮＡ。然而，這種腐敗後來以消極的思維方式和行動管道蔓延到大量的人身上。他們主要通過錯誤的信念來表現自己，這些

信念通過一代又一代的重複，在人類ＤＮＡ中創造了分歧和扭曲的連繫。

這種微妙的變態方式後來被人們用來達到某些艱巨的目的。它在今天也可以以不同的形式出現，共產主義就是一個例子。這個系統本身就孕育了一種思維方式、一種概念和一種心理行為模式，隨著時間的推移，這種思維方式、概念和心理行為方式決定了人類ＤＮＡ中的一種特定共振。這就解釋了為什麼即使在我國（註：羅馬尼亞）共產主義倒臺三十年後，仍然有代表這種消極共鳴的典型共產主義思想、傾向和行動，深深地滲透到群眾的ＤＮＡ中。

因此，在遠古時代，爬蟲族首先種下了一些不好的種子，然後隨著時間的推移增殖和發展到無法再否認或消滅它們對人類ＤＮＡ的影響的程度。然而，這種腐敗確實存在不佔ＤＮＡ大分子的很大比例，但正如我們所見，它只佔大約2—3％甚至更少；但即便如此，當代社會選擇的一些傾向、習慣和行為也向我們表明，這種非常危險的文明所引發的共振會產生什麼樣的負面影響。

打破和恢復外星聯盟

爬蟲族的腐敗和滲透，即使在聯盟的先進文明中，也很快導致對地球和我們太陽系的某些領土提出要求，他們希望將這些領土置於他們的控制之下。

我看到並理解，通過巧妙的圖像組合，那些文明的一些高等生物開始表現出某些意圖，不是那些尊重普遍和諧的意圖和傾向，將自己定位於個人目標和權力的目標。換句話說，他們的靈性開始衰退，因為誘惑的道路是非常曲折和具有欺騙性的，邪惡的爬蟲族非常了解在這種意義上影響整個文明的伎倆。隨著衝突的爆發，聯盟在一段時間內解體，並根據親緣關係和利益分成幾個較小的聯盟。

對人類來說，那是一個非常動盪和艱難的時期。正如我們所看到的，兩萬多年來，無論是在地球的生態系統中，還是在此後人類的生存中，事物都必須恢復正常並恢復某種平衡。

同時，原有的同盟關係也得到了一定程度的恢復。這些圖片向我展示了不同文明代表之間外交會議的艦隊或即時短片的摘要，這些會議的成員數量各不相同。這是我唯一能弄清楚衝突發生後實際發生了什麼事情的方法。

原始天狼星的角色，調解處於衝突中的外星文明

大約七萬年前，天狼星A系統中的天狼星人決定加強他們也是其中一部分的聯盟。他們沒有在聯盟的大衝突中使用武裝干涉，儘管他們是支持這場衝突的。天狼星人只扮演了調解人的角色。

對此我有些不解，我問他們為什麼不干預這場衝突，以結束或至少減少衝突。來自阿佩洛斯的人向我解釋說，就他所知，外星文明之間的戰爭不僅涉及地球，而且還作為一個有爭議的因素，為銀河系內的不同勢力和團體劃定了某些感興趣的區域。幾顆星球上的局勢緊張，這正是天狼星尋求盡可能多地保護我們所屬的銀河系的原因。如果他們真的干預了衝突，可能會加劇敵對行動；在某個時刻，情況可能變得無法控制。另一方面，他們希望根據宇宙法則和原則，使事件的行程和個人選擇自由化，只在某些文明的無知可能對事物的自然行程和神聖的整體計畫造成巨大損害或無法彌補的情況下進行干預。

天狼星從不想讓衝突加劇，即使他們可以很容易地贏得他們，因為他們擁有非凡的進步技術。他們傾向於按照普遍和諧的規律選擇和平與進化，力求盡可能尊重他們所接觸的文明的自由意志。只有在他們受到攻擊和必須自衛的情況下，正如我們在與爬蟲人的巨大對抗中所看到的那樣，他們才使用他們非常先進的作戰能力。在大約十萬年前駭人的外星

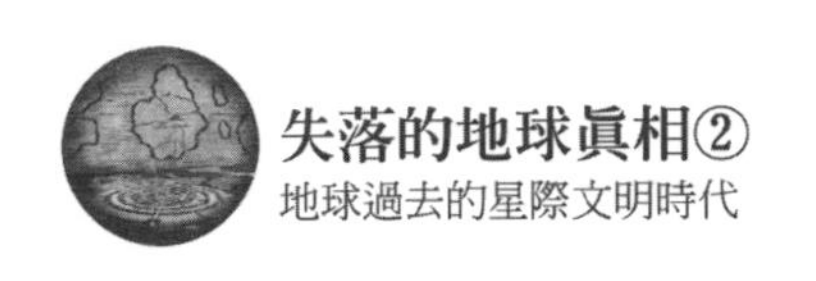

太空戰爭中，他們僅限於支持外交途徑，調解處於衝突中的外星文明之間的某些關係。

正如我所說，邪惡的種子是由邪惡的爬蟲族的影響組成的。衝突結束後，天狼星人希望加強他們所屬的銀河聯盟。他們的決定是為了盡可能防止外星文明集團中其他文明爬蟲族征服的腐敗。這已經在一定程度上發生了，地球上許多地區都感受到了爬蟲族的負面影響。

銀河聯盟的加強，意味著形成它的文明之間更密切的合作和支持。這是一個非常有益的聯盟，我被告知銀河系的其他部門也有其他聯盟。這個有益的聯盟由天狼星人、昴宿星人、大角星人和其他幾十個文明組成。從某種意義上說，爬蟲族還與幾個旨在征服、開發和控制某些行星甚至恆星系統的文明結成了聯盟。

這就是為什麼天狼星想要擴大他們聯盟中文明之間的合作，從而彙集不同的振動頻率來對抗爬蟲族的力量和他們形成的邪惡及非常顛覆性的聯盟。因此，重要的是要防止銀河聯盟中低度開發的文明之一被爬蟲族捕獲或征服，所有這些都會對銀河聯盟和地球上的基因「實驗室」產生影響。

外星「觀察者」文明

然而，我已經看到，也有中立的文明不希望成為任何宇宙聯盟的一部分。他們被稱為「觀察者」，這意味著他們只對觀察一個行星或星系某個特定區域在一段時間內發生的事件和過程感興趣。

在宣佈他們的中立地位後，根據宇宙進化規律，他們被允許參加戰區的行動。一般來說，這些都是高度進化的文明，它們只是在某種哲學意義上使用在銀河系層面創造這種情況，作為一種可以促進其經驗的元素。

例如，當時我看到了兩艘這樣的巨輪，見證了那些協助遠端事件的文明，以一種「沉默主權」的方式。

由於圖像的管道，略微半透明，有點模糊，我理解觀察者正在從乙太維度協助一切，可能是為了不干擾地球周圍的物理空間。觀察者不僅考慮實際和直接的事件，如衝突，而且在一段時期內，他們還饒有興趣地跟蹤地球上的生命演變，以及人類ＤＮＡ的發展和由此產生的影響。

地球上曾經的先進人類文明：塔爾斯文明

回到聯盟文明的可怕交錯後的時期，即西元前九萬至七萬二千年間，我看到地球表面發生了許多戰爭和緊張局勢，當時涉及到人類。這些衝突最終在今天的歐洲領土上爆發了一場可怕而巨大的戰爭，大約在西元前五萬年。這場戰爭對我們的星球和地球表面的生物來說是一個決定性的時刻，因為它涉及存在層面之間的某種「斷裂」，特別是在物理層面和微妙的乙太層面之間。

當時，地球上有一種先進的人類文明，叫做塔爾蘇斯（Tarsus），但我也聽到了這個詞的出現頻率之微小差異，我理解為塔西（tarsei）或塔拉西（tarasei）。然而，我認為塔爾斯（tars）是這個詞的基礎；因此，那個時代的居民，來自世界那個地區，可以被稱為古代的塔爾蘇，我將在下面提到這些人。

正如我在全息影像中看到的那樣，北半球陸地的形態與我們今天所知道的瑞典、挪威和芬蘭與歐洲統一的意義上略有不同。在我們的時代，只有湖泊和幾條大河，而不是被大海所覆蓋的大片土地。塔爾蘇斯文明進一步向南推進，向波蘭、烏克蘭、羅馬尼亞，甚至稍微向東，佔領了今天的一些波羅的海國家。換句話說，領土分佈非常廣泛。

在大多數情況下，塔爾斯的後代是E－N－K人類，但他們比當代人類更苗條、更有活力、更和諧。在數千年前，也就是公元前七萬年，他們的文明開始時，他們是E—N—L生物，但由於與更原始的E—N—K生物的重複組合，他們的DNA經歷了帶有強烈E—N—K素質的重大轉變。從某種意義上說，他們是半神文明；也就是說，是來自E—N—L生物和E—N—K生物的混合體。

當時在那個覆蓋了中歐和北歐大部分地區的地區，乙太層的許多頻率在許多地方與物質層的頻率交會，從而產生了許多時空入口，這些入口可以很容易地從物質層穿過乙太層，反之亦然。上述地區的居民人口之間的巨大武裝對抗，其中大部分是塔爾蘇斯人（Tarsus），也標誌著地球存在層的「斷裂」，也就是說，在物質層和乙太層之間更嚴重的分離。在此之前，這兩個存在層之間的連接或交叉點代表著某種自然的東西。例如，如果一個在非洲的E—N—L人想要到達波蘭北部，那麼它可以在幾分鐘內通過這樣一個門戶發生，事實上，這個門戶是物質層和乙太層之間的一個特定的「結合」或「接觸」。

不同信仰之間的衝突

正如我所看到的，西元前五萬年左右之巨大衝突的起因是塔爾蘇斯人所共有不同信仰之間的摩擦。我說過，在那個時候，物質層和乙太層之間的連繫是眾多的，在地球表面上創造了許多從一個層面到另一個層面的入口，但特別是提供通往智慧的E—N—L人居住的神聖王國通道，這些神聖王國後來將建立在被稱為香巴拉的王國中。然而，隨著時間的推移，塔爾斯民族的一些群體開始希望擴大他們領土的人口，這也涉及到許多物質層和乙太層之間的交會地帶，就這樣出現了第一次的武裝衝突，這些衝突相對較小。

這些鬥爭和戰爭的堅持及其數量破壞了物質層和乙太層之間橋樑的自然存在。與乙太層相對應的頻率開始愈來愈多地從物質層分離，這引起了極大的不滿和誤解，因為許多先前與乙太層共存而有效的可能性丟失了。這些包括更高的知識，更容易從一個地區移動到另一個地區，接觸更高的存在，更高的生存狀態等等。因此，捲入衝突的每個派別都希望有一個可以接受地區的繼續存在，其中許多人希望自己擁有香巴拉領土。自那時以來，不幸的情況與我們今天遇到的情況相似：不同的國家和族裔聲稱領土屬於其他國家和族裔，不可避免地導致緊張局勢和衝突，而這些緊張局勢和衝突往往演變成戰爭。

那實際上是一場大戰爭爆發的時候，通過一種「統一」的管道，所有敵對的爆發已經在塔爾蘇斯領土的不同地區持續了多年。不同的派系和群體曾在塔爾蘇斯領土的不同地區戰鬥，但逐漸地，通過物質層和乙太層之間的門戶，他們集中在一個單一的聚合區。這進一步加劇了群眾派系之間的誤解，這些派系開始形成許多臨時聯盟。一時間，事情變得如此複雜，以至於沒有人知道他們到底在和誰戰鬥，或者和誰結盟。

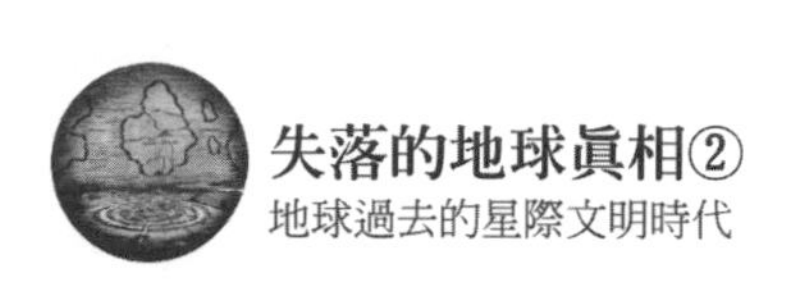

武裝衝突的憤怒

這是一場可怕的、巨大的、毀滅性的戰爭。一支龐大的軍隊，由敵對勢力領導，強行進入香巴拉的一些入口，通過位於波蘭南部和中部地區的幾個通道進行攻擊。然而，在那裡，他們被物理層和乙太層之間過渡的公共區域的強大防禦所震撼。衝突區隨後擴展到廣闊的領土，就像在小地區一樣，包括烏克蘭和羅馬尼亞北部的一部分、波蘭的整個領土以及瑞典的南部。

這場可怕的衝突牽涉到大量的戰士，也許是百萬頭獅子。這是一場實質上的屠殺，尤其是因為這不是一場中世紀用劍、弓和矛進行的戰鬥。塔爾斯人是精銳的戰士，非常強大，他們的武器賦予了乙太層特有的力量，在此之前，他們與乙太層有著非常頻繁的接觸。這也是戰爭爆發的另一個原因：失去權力的幻覺會在思想上催生怪獸。

不過，我也看到了其他一些E－N－K生物，雖然不太發達，但也很強大了，他們擁有斧頭、長矛或弓箭等常規武器。甚至連E－N－L生物都沒有逃離那場可怕的對峙，他們使用了一些武器攻擊機之類的先進科技。例如，我看到了它們是如何發射出某種「噴流」的，就像一束雷射，在地球表面附近擴散開來，對物質和人類生命造成巨大的破壞。

我看過一些打鬥場面，我可以說，從規模上看，那場人類衝突所涉及的智慧和能量，甚至比西元前十萬年左右的外星文明在地球附近和地球表面發動的戰爭還要可怕。儘管外星衝突的破壞程度要高得多，而且他們使用的武器性質要可怕得多，破壞性也要大得多，但參與大塔爾蘇戰爭的戰鬥人員所施加的難以想像的兇殘卻是超乎尋常的。這基本上就像是一般的精神錯亂。

戰爭過後：逐漸成為一個新文明的基礎

這場衝突非常激烈，深深地影響了所有參與方的士氣。它是如此痛苦和令人震驚，以至於在它終止之後，一些E－N－L人們中的和平捍衛者決定將它「銘刻」在人類的記憶中，以防止這種情況再次發生。然後，這些影像以「半透明」和稍微模糊的模式向我展示了微妙的乙太層的現實，巨大的圓柱被設計成作為警告廣播的存在。由於它們的尺寸，這些建築令人眼花繚亂。我看到它們包含了一種「心電感應波發射器」，其目的是通過發出特定的頻率來防止將來發生任何這樣的毀滅性衝突，一旦發生這樣的威脅，這些頻率就會被啟動。那些倖存下來的人留在這些地區，逐漸成為一個新文明的基礎：偉大而強大的許珀耳玻瑞亞文明。

在這些序列中，來自阿佩洛斯的人介入了，並在全息螢幕上操作了一些命令，改變了影像的方向，將一個山區和一些高大而強大的居民帶到了前景中，他們在大戰後幾千年生活在那裡。從柱狀結構發出的頻率來看，我馬上就識破它們被稱為「塔羅斯（Tharos）」，可能是舊詞「塔爾斯（tars）」的回溯或變化。通過心電感應，我明白這個名字的含義是「無敵」。

這些影像顯示了一個靠近洞穴的地方，塔羅斯非常虔誠地守護著這個洞穴，我微妙地理解到，這是從物質層到香巴拉之地的通道之一。然而，阿佩洛斯人的介入讓我很驚訝，但我很快就明白了原因：他想讓我知道入境地在羅馬尼亞。當然，這並不是唯一的入口，因為在其他國家的領土上有這樣的對香巴拉王國的滲透，但這代表了物質層和乙太層之間稀有的常駐交會點之一，這並沒有受到大塔爾斯民族戰爭的影響。

起初，這張照片是從一個很高的地方呈現給我的，從那裡我甚至可以看到喀爾巴阡山脈的彎曲。然後，一些特定的名額和符號出現在右邊，表明進入香巴拉的地方。然後我意識到入口就在這座山上的某個地方，這座山今天被稱為齊奧勞。[5]

西元前五萬年的大塔爾蘇斯戰爭破壞了許多過渡到乙太層面的地區，後來導致乙太層面與物質層面的分離。這是維度的重新排列，它們的重新校準，在這裡我特別指的是物質維度和乙太維度。由於戰鬥人員在那個時期所傳達的情感性質和強度，所涉及的能量是巨大的，以至於連環繞地球的星光層都受到了影響。令人難以置信的暴力，以及它所表現出來的兇殘，仍然銘刻在地球的乙太記憶中，作為人類的一個重要參照點。對地球存在層面

5 恰赫勒烏山脈是羅馬尼亞摩爾多瓦地區一個非常奇特和有趣的地方。每年8月6日，山的陰影和清晨（大約從早上6點到早上9點）的薄霧會形成一個全息金字塔的圖像，它近似於吉薩大金字塔。朝聖者在此期間訪問該地區，羅馬尼亞東正教教堂將該地區作為改變容貌發生的地點。「主易聖容」來自《新約聖經》，是耶穌成為基督的地方。也就是說，他從一個普通人轉變為基督。

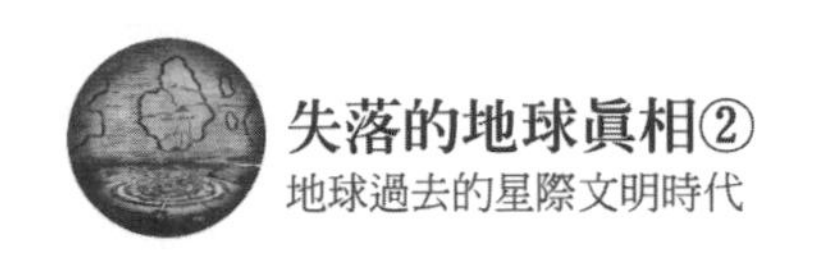

的負面影響使那場武裝衝突成為一段悲傷的記憶，同時也是一種至關重要的提醒：這種沉重的事件永遠不應該重演。

由於當時發生了非常血腥的戰爭，來自E—N—L和E—N—K分支的眾多混種生物再也無法支撐物理層和乙太層之間的連接，因此它們分開了。接著我在一些摘要影像中看到，戰爭結束後，剩下的少數生物，特別是E—N—L分支的上層生物和E—N—K分支的上層生物（即一些代表了與E—N—L生物雜交的「半神人」），後來在該地區發展了一種提升的靈性，從而成為偉人的許珀耳玻瑞亞文明的誕生地。

第10章 跨維度溝通的消逝：許珀耳玻瑞亞文明的終結

地球上最後一個相對和諧的時期是在E-N-L基因因耗盡其資源而撤出之前。E-N-L分支的撤退開始於西元前二萬七千年，隨著E-N-L生物的進化，僅存留於某些區域，不再遍佈地球表面。在亞特蘭提斯淪陷之後，E-N-L生命從物質層的撤退速度大大加快。E-N-L分支在地球上進行了一個複雜的進化迴圈，並即將撤退到一個比物理層面更爲微妙的層面，與物理層的連繫愈來愈少。

就像香巴拉的例子一樣，歷史學家和考古學家把許珀耳玻瑞亞列為所謂的「神話」文明中，因為幾乎沒有明確的物質證據證明它的存在。事實上，在阿佩洛斯的全息螢幕上，我可以看到遙遠時代的許珀耳玻瑞亞文明非常生動的現實。

許珀耳玻瑞亞的淵源和位置

許珀耳玻瑞亞（Hyperborea）這個名字起源於近代，只有幾千年的歷史，來自古希臘語「Υπερβόρεοι」。事實上，許珀耳玻瑞亞的淵源非常古老，可以追溯到西元前七萬年左右。居住在那片土地上的人口代表著古老的塔爾斯民族，他們是珀耳玻瑞亞人的祖先。許珀耳玻瑞亞這個詞的意思幾乎人人都知道：極北族人，那些生活在古代希臘以北，極遠處的傳說民族。

這一觀點之所以得到正確的傳播，是因為許珀耳玻瑞亞的非凡文明發展的地區向北推進。在觀看了向我展示的這些事件之後，我在網路上做了一些簡短的研究，看看正在流傳的東西和現實中的東西有什麼不同。

除了與地域有關的小錯誤之外，其他元素實際上很少，不過，在一個非常籠統的參考框架中表達了真相。我認為資訊的缺乏主要是因為這個文明的時代非常古老，關於它的知識已經隨著時間的推移而消失了。

例如，古人的文字和故事提到，許珀耳玻瑞亞的領土位於多瑙河以北或與黑海接壤，但這並不完全正確。從我看到的情況來看，許珀耳玻瑞亞在一片有點「垂直」的狹長土地上佔據了廣闊的領土，從今天的外西凡尼亞到今天我們所知道的烏克蘭西部，也佔領了波羅的海西部國家的一小部分。該領土的很大一部分位於波蘭目前的地表，向上到瑞典的南部。然而，我沒有看到許珀耳玻瑞亞的領土已經到達黑海。即便如此，許珀耳玻瑞亞仍佔據著廣闊的領土。

大塔爾斯戰爭後許珀耳玻瑞亞文明的團結

塔爾斯文明代表了第一條精神路線，這條路線後來定義了許珀耳玻瑞亞。他們的文明在西元前七萬到五萬年間存在和繁榮。據我所見和所知，當時有許多精神方向和信仰，但沒有一個占上風。正如我所說，在那個時期結束時，發生了一場可怕的戰爭，這場戰爭實際上摧毀了塔爾斯文明，並導致了一種新的文明的發展，這就是許珀耳玻瑞亞的文明。[6]只有在那場偉大的戰爭之後，許珀耳玻瑞亞的領土才得到更好的界定，文明才統一成一個共同的精神信條。

因此，在許珀耳玻瑞亞的歷史上，有兩個偉大的時期：大塔爾蘇斯戰爭之前和結束之後，這也意味著我們的星球在微妙的層面上發生了重要的變化。在戰爭之前，也就是西元前七萬至五萬年間，塔爾斯人統治著這個時期，我可以看到一個種族的混合體，主要來自E—N—L分支，只有少數來自E—N—K分支。

在可怕的對峙之後，在相當長的一段時間裡，許珀耳玻瑞亞後來定居的領土幾乎無人居住。後來，正如我在一個相當快速的影像流中看到的那樣，這個地區的人口開始增長，並變得個性化，從某種意義上說，它成為了自己的一種文明，一種管理，達到了作為領導

6 見第9章。

者的E－N－L人的程度，因為他們的精神水準很高，成功地把人民的各個派系團結起來，形成了強大的文明和共同的精神取向。這是由於這樣一個事實，特別是在人類遙遠的過去，領導層是非常有靈性的。當時沒有其他類型的領導者，因為更廣大地區的行政領導者同時也是一名牧師，這一事實賦予了群眾非凡的力量，並使其具有積極的引導作用。

我還看到，在西元前五萬年之後，許珀耳玻瑞亞的領土以DNA發育的「苗圃」為特色，這導致該地區的人擁有種類繁多的品種，甚至比以前更加多樣化。與兩萬年前不同的是，新的許珀耳玻瑞亞人在志向和思想上是團結一致的，就像中世紀的歐洲基督教國家是在教宗的精神權威之下一樣。一部分的舊塔爾斯人，他們最初是E－N－L人，但由於與E－N－K生物的無數組合，也包括了E－N－L和E－N－K組合形式的「神」，由於與E－N－K生命的多次組合，成為E－N－K的大多數，被稱為優秀的工匠，特別是在戰鬥武器方面。

這就是為什麼他們要保衛許珀耳玻瑞亞的南部，特別是在今天的外西凡尼亞境內，再往北，朝向烏克蘭。這個基因被E－N－L分支「繼承」並進一步傳播。它傳播得非常迅速，比所謂的「許珀耳玻瑞亞組DNA」建立之後的E－N－L基因遠遠快得多。另一方面，DNA容易被修改的E－N－L的生命分支也在不斷完善。它的「延伸」已經導致了DNA的大量變異，並隱含著不同類型的E－N－L生命。

基因育種，人類DNA的「靈活性新增」

後來發生了一件非常有趣的事。據我估計，根據我所目睹的影像合成，大約在二萬七千年前，E－N－L基因已經進化到了與先進的外星文明差不多的水準。當達到這種平衡時，人類（E－N－L分支）和某些外星文明之間產生了一種理解，以便他們的一些高出水準的靈魂在共存、合作和相互支持的理解中轉世到E－N－L的生命體中。

一般來說，地球上存在的每一個偉大的文明都位於地球的一個精確區域，沒有任何其他文明的混合。例如，這包括姆文明，魯曼尼亞文明，以及一個有著強烈天狼星影響的E－N－L生命文明，它存在於後來被稱為亞特蘭提斯的大島上——僅舉幾個遙遠過去的偉大文明。還有亞特蘭提斯文明本身，這是在同一個島上的天狼星文明之後。

所有這些都主要由E－N－L分支的生物代表，但它們的基因組發育處於不同的階段。他們沒有與其他文明融合，但在許珀耳玻瑞亞文明的最後一個時期，由於E－N－L生物的進化以及對幾個外星文明的理解，某些進化的外星生物的靈魂轉世到E－N－L生物的身體中，創造了與E－N－L人類DNA混種的可能性。在此之前，只有E－N－L生命的靈魂轉世在E－N－L身體中，但一旦他們的DNA結構達到了足夠精細的水準，一些E－N－L次級分支的物質身體就能夠支持高振動頻率的外星生命意識。然而，具有這些特徵的E—N—L生命確實是相當少的。與大多數的許珀耳玻瑞亞種群相比，人口主要是由進化的E—N—K生命組成。

因此可以說，在那個時代的許珀耳玻瑞亞文明中，有一種「基因苗圃」，它導致了人類DNA的「靈活性新增」。進化的E—N—L基因允許先進的外星靈魂轉世與人體結合。如果不是這樣，他們的DNA結合就不可能實現。例如，一個天狼星靈魂化身為男性E—N—L生命，一個昴宿星靈魂化身為E—N—L女性生命，兩者都是在許珀耳玻瑞亞文明中。他們的孩子也是一個E—N—L後代，但是她的DNA中有來自天狼星生命和昴宿星生命的原始DNA的基本資訊。

大多數的混種都是根據這個原理實現的。這些混種的基礎仍然是E—N—L基因，但是在這個基礎上的其他外星基因「迴圈」之複雜性令人吃驚。已經進化的E—N—L人類與其他外星靈魂轉世的E—N—L生物之間有許多融合。

E－N－L分支從物質層的撤退

因此，當時的舊塔爾斯領土，實際上已成為了被稱為許珀耳玻瑞亞的領土，居住著許多類型的人口。這是因為其他星球上的許多靈魂能夠輕鬆地轉世到地球上；他們擁有E－N－L生命的身體，因為他們可以支持進化的外星意識。在這片遼闊的土地上，我幾乎可以看到所有的人口類型：白種人、黑種人、梅蒂人、黃種人、蒙古人，甚至是從這些類型衍生出來的其他類型，但仍然以某些特徵來區分：膚色、眼睛、頭髮和臉或身體的特殊性，有時與我們今天所知道的完全不同。它是一個種族的集合體，在多樣性和個體數量上都比我們這個時代的大都市更具活力，但它們的比例是平衡的。

我認為地球上最後一個相對和諧的時期是在E－N－L基因因耗盡其資源而撤出之前。E－N－L分支的撤退起初相當緩慢。它開始於西元前二萬七千年，隨著E－N－L生物的進化，僅存留於某些區域，不再遍佈地球表面。

然而，在亞特蘭提斯淪陷之後，E－N－L生命從物質層的撤退速度大大加快。我甚至可以說，E－N－L的最後一次「行動」是亞特蘭提斯，因為在它沉沒之後，地球上仍然只有來自E－N－K部落的生命居住，除了一些與E－N－K部落混種的E－N－L生命之外。在領袖或偉大統治者的層面上，只能找到E－N－L，例如古埃及的法老或中束的偉大國王。在亞特蘭提斯淪陷之前，許珀耳玻瑞亞的E—N—L生物知道是時候從進化鏈中退出了，因為進化鏈已經達到了極限，他們想打開並進一步完善E—N—K分支，這個分支有著更「剛性」的DNA，以便推動人類的進化。對許多E—N—K生物來說，這一時期意味著驚人的進化，一種特殊的淨化，而這正是因為與高度進化的生物混種，在它們的DNA中留下了複雜共振的種子。

因此，E—N—L分支在地球上進行了一個複雜的進化迴圈，並即將撤退到一個比物理層面更為微妙的層面，部分原因是特殊的氣候條件日益顯現，在地球的北部地區更是如此。從大約西元前二萬五千年開始，行星表面的溫度開始下降，這導致與乙太維度產生巨大共振的E—N—L生物愈來愈多地留在這個微妙的層面中，與物理層的連繫愈來愈少。

這需要「穿越區域」或通往乙太層的入口，以便與物質層中僅存的連繫不會被中斷。山區或綿延的水域是首選，但這樣的一個維度和另一個維度之間的交會點也可能發生在森林中，甚至是在野外。一開始，這些區域很容易找到，因為它們穿透了地球的大部分表面，特別是在北半球。

正如我所說，在地球遙遠的過去，物質和乙太維度在某種意義上是「孿生」的，它們有相當多的交會點或入口，通過這些入口，人們可以很容易地從物質層進入乙太層，反之亦然。然而，我發現，從西元前二萬五千年開始，這些過渡帶的數量顯著減少。此外，其中一些是在E－N－K生物建立的領土上。雖然他們知道在他們的領土上存在這樣的門戶，但是E－N－K人仍然不能「超越」，因為他們自身的振動頻率不允許；也就是說，它太低了，無法支援通過比物理維度更大的維度。

偉大文明的終結，物理層振動頻率的顯著降低

許珀耳玻瑞亞文明在其活躍的狀態下一直延續到西元前一萬四千年左右，之後逐漸消亡。然而，它的雛形繼續存在於前許珀耳玻瑞亞的某些地區，甚至更遠的北部，但從我所看到的，他們形成了非常小的社區。其餘的人口遷移相當快，特別是亞特蘭提斯和南部的外西凡尼亞，在那裡定居山區。從那時起，經過幾千年的時間，一部分人口往下到了非洲大陸的南部，及時孕育了其他更接近今天的偉大文明。然而，另一部分在不同階段向東遷移到亞洲，也奠定了偉大文明的基礎。正如我所提到的，導致亞特蘭提斯號沉沒的大災難極大地擾亂了地球的狀態，無論是物理上的還是無形的。物理層和乙太層之間的許多連繫被中斷，而其他的則完全被壓制，一般來說，這向我表明，這兩層之所以如此分離，是因為地球的物理和微妙結構都受到大規模的擾動。物理層和乙太層之間的分離比大塔爾蘇斯戰爭後發生的分離更加顯著。它變得愈來愈明顯，也導致了地球物理層振動頻率的急劇下降。

隨著時間的流逝，跨維度能量門戶已經變得稀有，與地球乙太層和香巴拉中的更高生命的溝通變得愈來愈困難。自從西元前五千年，黑暗勢力開始介入人類的進化，利用地球能量網絡中出現的巨大缺口，這種狀況變得更加複雜。一些已經被邪惡的爬蟲族所污染的

外星文明，開始設計一個非常複雜的陰謀網絡和計畫來完全控制這個星球。這個計畫主要基於物理層振動頻率的顯著降低，以及人類意識幾乎完全由E－N－K組成的最低水平。

與特洛伊城的微妙連繫

所有這一切都是以一種簡要的方式呈現給我的，並通過智能連結，將具有啟發性的影像與螢幕上呈現的不同因素、存在或對象之間的符號或連繫符號相結合。這樣，就盡可能容易理解了。我不禁驚歎於這種非凡的智能，它幾乎立即綜合了我所要求的所有資訊，以適合我理解的形式呈現出來，還暗示了微妙之處或其他調查分支。總的來說，由於我掌握的時間有限且訊息量大，所以我逐步學習。在第一階段向我展示的是所要求的主題的大方向，而不是細節。不過，有趣的是，在接觸到這些資訊後，我很少有衝動去了解這些資訊可能會導致的一個或多個其他面向。雖然我可以詳細地談我想談的任何部分，這也是在我的理解和興趣範圍內，但我很少這樣做。相反，我更喜歡總結性陳述。

解釋是實用性的，因為我試圖存儲盡可能多的資訊，即使是一般水平的資訊，也為將來深入一些感興趣的細節保留可能性。無論如何，影像的合成是即時完成的，即使有比我能理解的多得多的資訊，至少在象徵意義的層面上。與此同時，我的大腦皮層翻譯為可接受的心電感應傳輸也幫助了我，從而豐富了對請求主題的一般知識。

這些圖像以流動的方式出現，並與某些圖形代表或甚至顏色的湧動智能地聯繫在一起，它們要麼表明某種現象或趨勢的方向，要麼表明它們的性質特徵。例如，表示南歐和東南歐的遷移是三個不同平面的影像，並且具有超級定位。例如，我看到成群結隊的人甚至是家畜，尤其是綿羊，穿越不同形式的地形。同時，在背景中，我看到了一種陸地地圖，顯示了歐洲大陸和地中海的一部分；在他們的上方，伴隨著人們的流動，一股黃色的水流疊加在一起，像波浪一樣起伏，顯示了到達目的地的時間和長度。

有一次，它以較小的厚度向幾個方向分裂，幾乎像一個扇子，其中一個朝著更遠的東方，在今天的土耳其領土上的地中海海岸附近停了下來。隨後，我接二連三地看到，許珀耳玻瑞亞的追隨者在該地區以城市的形式修建了一個大型定居點，後來成為了一座大城市，非常發達，甚至擁有某種科技。例如，我看到堡壘在夜間被照亮，但我沒有確定光源，顯然不止一個。無論如何，它們都不是來自火種。在這個區域周圍和與之相關的地方，全息圖中出現了幾個符號，其中一些是移動的，並且帶有不同的顏色。那座都市的生活和生物，建築的快照，或內部有時突然突出；然後被撤回，為其他方面騰出空間。

當然，我知道這個地方很重要，但我不知道它是什麼都市，直到我習慣了這個地區的頻率；然後，通過心電感應，我立刻明白那是特洛伊。這種精神上的理解與另一組與全息影像相關的資訊打包在一起。因此，我理解了與特洛伊城的微妙連繫，與一些外星文明的邪惡影響，以及它們在地球上的成員吸引E－N－K生命中的追隨者的方式直接相關。這種影響旨在摧毀任何「光芒」，特洛伊在當時是最後的抵抗堡壘。我稍後再談這個話題。

第11章

外星文明建造的城市：特奧蒂瓦坎及大行星理事會

特奧蒂瓦坎是天狼人城市的忠實複製品，但聯盟的其他外星文明，特別是昴宿星人，也參與了它的建設。我看到城市已經建成並有人居住，特別是天狼人和昴宿星人。在相當長的一段時間裡，這座城市是他們的代表的家，在較小的程度上，也是其他外星文明的家。我對這座古城的某些特徵感到驚奇，因爲我以前從未見過它們。我提到的第一件事是偉大的感覺，然後是與大自然的交流。植被實際上是城市建設的一個組成部分，與之「共存」。然而，我甚至沒有看到一縷草超過由石板空間強加的邊緣，石板被很好地拋光，並連接在一起。樹葉、百合花、灌木和其他所有的東西都準確地到達了石塊的邊緣，從來沒有超過它們，就好像植被已經「知道」如何完美地尊重這些邊界。城市的清潔度令人難以置信，我甚至無法理解這怎麼可能。

自開始通過將外星ＤＮＡ與當時存在的偉大靈長類動物的ＤＮＡ結合，地球上創造新的智慧人類的專案以來，經過三十多萬年的工程，Ｅ—Ｎ—Ｋ分支的ＤＮＡ變得複雜起來，這要歸功於隨著時間的推移發生的多種組合，無論是與其他外星文明的ＤＮＡ的結合還是與Ｅ—Ｎ—Ｌ人類的結合。

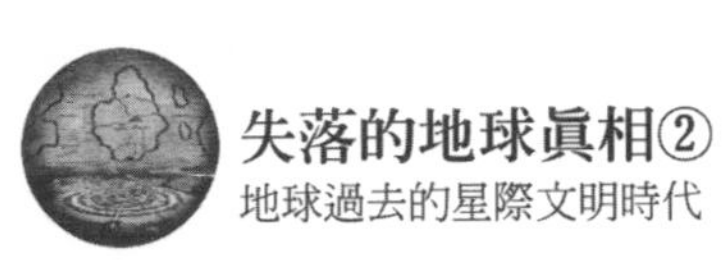

E—N—K 分支的顯著演化

這是通過外星文明代表之間的相互理解實現的，他們有興趣將遍佈全球的新物種進行混種。但是，當E—N—L生物被精心「培養」，它們的進化得到了有益的外星文明的幫助時，E—N—K生物卻以某種方式被留在自己的發展中。該計劃是以前制定的，以便在同一品種中實現多樣性。實驗表明，儘管E—N—K分支的發展要慢得多，受自然規律的制約，但正是通過這一點，它獲得了一種特殊的生命力，與「地球」以及自然密切相關。然而，其中一些生物已經與外星DNA混種，從而創造了更複雜的特徵和能力；但在大多數情況下，E—N—K分支只能自己進化。因此，當時存在於我們星球上的生命的品質等級是基於一小群主要具有天狼人DNA的E—N生命。他們代表了「精英」，他們的基因結構是如此進化，以至於在當時，他們只能與極少數同樣高度進化的其他外星生命結合。通過「專業化」，從E—N生命群體中產生了精緻的E—N—L和E—N—K生命。後者以其自然的節奏進化，因為起初，E—N—L和E—N—K之間的振動頻率差異太大，這兩個分支的個體之間無法進行自然和有效的組合。

然而，正如我所說，L和K分支之間的一些組合是可能的，並且隨著時間的推移已經發生。由此產生的DNA是E—N—K生命的二級分支，具有更精緻的意識，在地球上有良好的生命根基，使之加倍。這些人是強大的生命，能夠做出巨大的努力，但同時擁有比大多數E—N—K生命的人口更高的意識水準。這些更高更強的E—N—K生命就是古代文獻中提到的所謂「半神」。

然而，在訪問地球的外星文明代表的大型會議上，確定了從K分支衍生出來的更高的分支不會再繼續維持下去。我不太明白為什麼會做出這樣的決定，因為在那個時候，我對那些外星生物的理事會非常感興趣。然而，正如我之前所說，一個有效的假設是，外星文明的代表希望E—N—K分支更接近地球的特性，在其特定的DNA中沒有太多的外星文明影響，這例子在E—N—L生命的情況下可以看到。

特奧蒂瓦坎——天狼星文明的典範

對E－N－K生命進化的第一次高度認可發生在大約二萬八千年前。當時，「半神」被允許進入地球上的高級決策理事會，該理事會當時在我們現在稱為墨西哥特奧蒂瓦坎的地方召開會議。它被稱為大行星理事會，由地球上的先進外星文明成員以及E－N－L分支的代表組成。特奧蒂瓦坎城是由最初的天狼星人建造的，被稱為天狼星A系統中的銀河系領主。他們被認為是人類真正的父母，他們代表了主要的文明，承擔了監督和指導新的人形生物種族形成的漫長過程，這已經成為今天的人類。該城市的建設是在行星理事會會議之前完成的，在此期間，天狼星人與昴宿星人一起為今天美洲大陸上的那部分世界制定了一定的行動方針。

特奧蒂瓦坎是天狼人城市的忠實複製品，但聯盟的其他外星文明，特別是昴宿星人，也參與了它的建設。今天所發現的，包括主要的金字塔和暴露在遊客面前的寬闊道路，只是大約三萬年前建造的巨大城市的一部分。[7]它是巨大的，有許多分支，使它看起來像一

---

7 毫無疑問，作者指的是城市內的兩座大金字塔：太陽金字塔和月亮金字塔，以及主幹道卡利亞·莫西洛（Calea Moşilor 羅馬尼亞的一個歷史悠久的街道）。關於這座也被稱為「眾神之城」或「眾神誕生之地」的古城，沒有人知道任何事情，甚至是在其中生活了一千年的阿茲特克人也不知道。不知道是誰建造了它，為什麼建造，尤其是什麼時候建造的。

個真正的大都市。我甚至被展示了最初的項目是一個三維全息方案，在那之後，我看到城市已經建成並有人居住，特別是天狼人和昴宿星人。在相當長的一段時間裡，這座城市是他們的代表的家，在較小的程度上，也是其他外星文明的家。

這座城市被構思和實現為一個具有圓形對稱性的城市，從它的幾個分支也是圓形排列的。對這些，正如我所看到的，它是通過傳送裝置到達的。城市的設計和建設的基礎是天狼星，但它的設計尊崇宇宙能量的親和力，與聯盟中許多外星文明的恆星和行星系統直接和精確的對應。天狼星人希望這樣做，這樣聯盟就會變得更加團結，更有動力去統一行動，以發展地球上的人類。

在設計這座城市的過程中，我通過提供給我的頭盔，在三維和乙太層面上看到了全息影像的結合——一個複雜的恆星結構，它將「主持」並在能量上支持定居點及其微妙輻射的壽命。我甚至看到了設計該城市的外星生物是如何在未來管理著這一特定的星體結構，尋找新的配置，從而為該城市建立一個更長的存在期。當我描述埃及的金字塔是如何設計和建造的時候，我將回到這個問題。

在這種巨石計畫的情況下，先進的外星生物對於這些非常理解，未來城市建設的形狀和尺寸與某些星星的運動有直接連繫和共振，已經有了精確的安排。重點自然是放在這些建築的耐久性上。例如，他們尋找具體而重要的星星位置、排列或配置，所有這些都將持

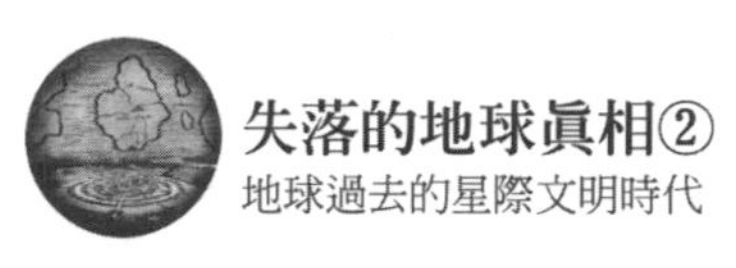

續很長時間。然後他們確信，在這段時間裡，各自的建設將得到該星體配置所發出的特定微妙能量的支持。只有在尊重其他共振元素的情況下，外觀才有效，例如建築物和金字塔的結構，它們的尺寸和資料的其他特徵，所有這些都必須與恆星構型的細節相一致，或者與其他與之有密切關係的恆星構型相一致。例如，我看到天狼星人甚至注意到他們在某個十字路口放置了什麼石板。它必須是某種不同於其他石頭的岩石，並以精確的角度切割，以便根據複雜恆星結構的特定細節產生共振。

我對這座古城的某些特徵感到驚奇，因為我以前從未見過它們。我留意的第一件事是偉大的感覺，它所傳播的巨大距離。然後，是與大自然的交流。植被實際上是城市建設的一個組成部分，與之「共存」。然而，我甚至沒有看到一縷草超過由石板空間強加的邊緣，石板被很好地拋光，並連接在一起。樹葉、百合花、灌木和其他所有的東西都準確地到達了石塊的邊緣，從來沒有超過它們，就好像植被已經「知道」如何完美地尊重這些邊界。後來我想到，這可能是一種特殊的技術，植被以某種方式被「鏡像」，並使其返回森林或叢林中，但我不能確定。

城市的清潔度令人難以置信，我甚至無法理解這怎麼可能。我沒有看到灰塵，沒有泥巴，沒有痕跡或其他碎屑。一切都做得很好，我覺得我像是在看電腦上的圖，然後，我看到外星生物在那座城市裡行走，做各種動作。我還看到了空中交通工具，甚至是中小型船隻，從中央市場降落或起飛，也從離它一定距離的地區降落或起飛。

西元前二六〇〇〇年行星理事會的指令

從許多觀點來看，在人類形成過程中，「牧養」DNA之外星文明的「斑斕」相遇，是地球上人類進化的一個轉捩點。當時劃定了領土，達成了協議和諒解，強行規定了某些種族間的行為準則，並對人類的未來和我們星球上的生命作出了關鍵的決定。那次議會給我留下的印象尤其深刻，因為它對人類的命運作出了大規模、複雜和有價值的決定。

一般來說，這些部分鮮為人知，如果向人們透露，他們往往會以嘲笑的方式回應。這主要是因為普通人沒有機會獲得這種直接的資訊，也因為他傾向於按照目前傳達的規範、定律和觀念來思考。其中，最令人討厭且經常重複的是「我們在宇宙中可能是孤獨的」，「科學已經基本解決了迄今為止必須解決的所有問題」，以及「當代文明是地球上迄今存在的最發達的文明」的觀點。然而，對於那些聰明和有良好判斷力的人來說，這種說法只是無知的結果，是一種非常傲慢的看法表現。

至於我自己，我相信一些真正受過教育的人能夠直觀地理解我在這裡所說的內容。儘管我的報告是對當前觀念的一次嚴峻考驗，但這些資訊說明了關於人類歷史及其起源的一系列混亂、不明確或錯誤的內容。畢竟，我所做的一切是盡可能準確地呈現我個人在這個問題上的見證，並就這個話題進行了討論，所有這些都是非常廣泛和複雜的。然而，是否

能接受這些提供的資訊，要由讀者來決定。

現在我將回到與該大行星理事會所做的主要決定有關的方面，並強調其細微差別。接納E－N－K生命進入行星協調論壇，並承認他們所達到的進化水準，也與大理事會的代表對他們表現出比一個擁有新物種的星球的人口更為濃厚的興趣有關。

事實上，最初的計畫是在宇宙中創造一個新的、智慧的和複雜的人類。經過三十多萬年，這個計畫已經迅速發展和演變，甚至出乎意料，如果我們考慮到事物的自然進程，如果我們在宇宙範圍內考慮它。這就是為什麼西元前二萬六千年特奧蒂瓦坎的大行星理事會實際上意味著外星種族開始「退出」對新人類生活的參與。

最初專案的主要目的是創造出更高等級的人類，並以這種新創造的生物在地球上繁衍生息。由於E－N－K分支於其DNA表現出驚人的繁殖力和對不同類型外部影響的適應性，它以某種方式獲得了接管地球並在這裡自由進化的權利。

相比之下，E－N－L分支雖然從精神角度以及其他特徵上比E－N－K分支更進化，但在遺傳結構和生命力方面更脆弱，以至於它無法維持一個新的生命種族的持續和活力發展。此外，正如我所說的，E－N－L生命已經開始從物質世界中退出，他們的存在逐漸被神話和傳說所取代。然而，L分支對完善K分支的一部分做出了重要貢獻。

因此，天狼星人和其他參與在地球上創造新生命項目的主要外星文明認為，E－N－

K基因足夠強大，可以執行該項目，現在可以遵循自然的路徑。這些外星文明的主權監督繼續存在，特別是為了制止人類和其他外星文明對地球上的使用可怕和非常先進的科技對文明進行自我毀滅的企圖。然而，這一小群非常先進的外星文明卻以高度的靈性知識做到了這一點，他們沒有干預人類命運的行程。

人類DNA的「專業化」，外星文明按比例貢獻了DNA

在人類DNA的「分割」發生後，某些外星文明開始在地球的不同地方為其創造更多的「苗圃」，人類的DNA向不同的方向擴散，在某種程度上失去了「總能量」。換句話說，這些次級分支的E－N－K生命：即E－N－K－A、E－N－K－I、E－N－K－U……等等。——獲得了與E－N－L系列相同的力量和能力，因為他們的DNA隨著時間的推移在一個特定的方向上「專業化」，特別是在一個外星文明的誘導和發展下。

每一個參與地球人類文明「苗圃」計畫的外星文明都按比例貢獻了他們的DNA，以提高人類DNA的複雜性，從而「牧養」全球一定的人口，這是由特奧蒂瓦坎的大行星理事會指定的，他們為參與專案的每個外星文明指定了「影響區域」。

基本上，他們的代表密切監督當時居住在地球上的人類的進化和發展，這些人大多屬於他們佔領的領土內的E－N－K分支。這就是為什麼我們可以看到地球上某些地區的種族甚至人口有非常不同的影響和特徵。然而，出於政治原因，有人建議我不要在本書中介紹這方面的細節。

E－N－K代表團由「半神」組成

特奧蒂瓦坎大行星理事會作出的一個重要決定是，允許E－N－K分支開始自治。換句話說，E－N－K生命將擁有自己的領地，甚至在某些時候被邀請參加大理事會，為行星的討論和決定作出貢獻。通過這種方式，人們認識到，他們已經進化到足以承擔相對較高的責任，他們可以很好地融入行星層面的螺旋式發展。然而，從我看到的圖片中可以清楚地看到，E－N－K生命正在聽從外星文明的聖賢們的指示、建議和指令，這些聖人在守護著整個星球，他們認為這些聖賢是他們的「父母」。

我注意到，理事會E－N－K分支的高級成員是非常和諧、強大和獨立的人。我特別被他們散發的特殊磁場所吸引，我專注於這部份，因為這與他們參與地球的大理事會有關。隨即，我看到了一連串有代表性的圖像，在螢幕的右側，我看到了其他目錄的豐富展示。然而，我更願意繼續研究圖像序列，因為對這些文件的具體研究將花費更多的時間。

將這些圖像與我通過跨維度頭盔收到的心電感應傳輸結合起來，我意識到E－N－K分支在整個過程中都有明顯的進化，其特徵是它們的DNA結構非常複雜。這為與其他DNA的組合提供了驚人的可能性。此外，它賦予了這些生命一種特殊的輻射，一種身體和磁性的美，很容易讓人著迷。此外，正如我們所看到的，E－N－K代表團只由「半神」組成，包括男人和女人。由於他們更接近我們的傾向、存在方式、感知事物的方式和表現自己的方式，我被這些圖像所吸引，因為在某種程度上，E－N－K代表團在其他外星生命中產生了強烈的印象。

最具代表性的是E－N－K的女性。她們產生了非同尋常的影響，表現出一種不可抗拒的吸引力，這無疑是源於她們 DNA 結構的複雜性，特別是源於地球上創造的人類特有的共同「東西」。然而，如果讓我做個比較，我會說他們的輻射與昴宿星團中的女性最為相似。許多其他外星物種和文明的代表都在「追求」她們，正是因為她們具有非凡的生育能力和賦予生命以高度複雜性的能力。從這個意義上說，有一種「滾動」的形式，許多外星文明不時地來，用最特殊的E－N－K生物「重新分配」他們的基因遺產。

DNA的多樣化在E—N—K生物中的應用

十多萬年前，地球被劃分為幾個地區。每個地區都有自己的特定人口，這些人口在一個或多個外星文明的支持、保護和幫助下不斷發展。因此。地球上的每個地區都有一個「靈魂」或自我，這是各自人口的特定自我。

管理文明的代表不時前來，將自己的DNA與該地區人口的DNA進行「配對」，因為E—N—K生命的DNA大分子結構中的共振頻率非常高，以至於它很容易促進這種結合。因此，地球上的每個人口或文明都有自己的「神」，在這些情況下，他們是進化的外星生物，支援人類分支的具體發展。

這一事實很重要，因為通過這種方式，某些外星文明可以強化其「疲憊」或退化的DNA，獲得新的生存和進化動力，而其他文明則通過採集的DNA樣本向其他星球的其他文明播種。尤其是E—N—K生命，從而幫助宇宙中各種文明的進化。我被展示了銀河系幾個星球上生命的DNA結構。這幾個星球上生命的DNA結構都是以人類的DNA為基礎的。實際上，不管它看起來多麼矛盾，我們都可以說，在某種程度上，人類的DNA是非常重要的。我們可以說我們是銀河系中許多文明的「父母」。

在地球附近發生了巨大的外星空間衝突之後，E—N—K分支不知何故「漂移」了，

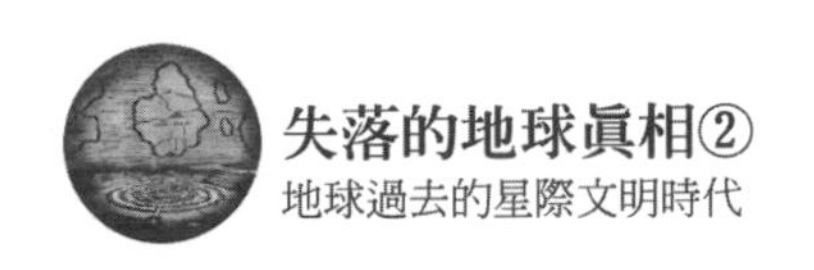

因為在很長一段時間裡，外星領土和影響沒有明確的順序。

隨著銀河聯盟的恢復，事情開始恢復正常，但只有在大行星理事會之後，外星人對E—N—K種群的影響才得以重新建立，並根據新的規則重新定位。

在那個時代，人類DNA的特殊特徵導致行星理事會將E—N—K生命納入行星層面的決策鏈中，並為他們提供表達自由和自主權，因為E—N—K生命所達到的進化水準證明了這一決定是正確的。

然而，與某些外星文明的成員或E—N—L分支的人類相比，E—N—K生物的精神方面、內在感知、意識的完善或更高的理解並不是很發達。然而，當時的E—N—K人，那些代表「半神」的人，比當代人更聰明、更進化，而且充滿了優越的品質。正如我們將看到的，當這些進化的E—N—K生物開始從地球表面撤退時，入侵就發生了，特別是從亞特蘭提斯的最後一個時期開始，最終完全被淹沒。

自力更生，走向成熟的文明

另一個非常重要的決定是，在特奧蒂瓦坎大議會期間，地球上永久性的外星生命開始撤出。因此，監督工作逐漸從直接參與地球表面的活動轉移到通過科技手段從物理層面，同時也從乙太層面進行仔細監測。憑藉著他們的智慧，這些高度發達的外星文明非常清楚，一個文明必須「自力更生」，才能有機會正確理解自己的未來和宇宙的未來。此外，這是一條支配所有王國的自然法則：孩子到了相當成熟的年齡，就會與父母分離，以遵循自己的人生道路。然而，這必須分階段完成，因為創造人類的過程一直是建立在高度的知識、耐心和智慧的基礎上的。即便如此，亞特蘭提斯的衰落和沉沒仍然是一個不幸的事件，我將對此進行單獨討論，這是一個例子，以了解在人類進化的背景下，事物會變得多麼不穩定和微妙。

第12章 亞特蘭提斯：人類文明的變革及乙太層的溶解

作爲一個重要的評論，我可以說，這是突然打破物質層和乙太層之間的連繫，在亞特蘭提斯時期是相當穩固的。在亞特蘭提斯毀滅之初，來自乙太層的生命們並沒有非常清楚地注意到物質大陸部分的下沉，但在某時刻，由於維度分裂，他們發現他們不再有支持，就好像地毯從他們腳下被拉出，而乙太層開始溶解，不能再像以前那樣與物理層連繫著了。

除了目前圍繞著亞特蘭提斯這個古老大陸存在的爭議之外，還有一個問題，就是它原本位於何處。線索是模糊的，搜索是困難的。然而，有些發現是值得注意的，國際媒體以及科學界對這種情況沒有反應，只是希望一切都落入嘲笑或遺忘。對這一發現的認可，將使人們對人類過去的進化、發展的時代、古代文明以及當時的科技等所有被認為是真實的東西有所了解。

亞特蘭提斯的正確位置及一些澄清

大多數意見都趨向於亞特蘭提斯在大西洋的位置上，這是正確的。在阿塔納奇歐斯·基爾學看來，最古老的一種表述方式可以很好地說明亞特蘭提斯的位置，但它是不完整的。[8]

不過，也有一些觀察結果要做。正如我在全息螢幕上的圖片中看到的那樣，亞特蘭提斯的表面相對較大，幾乎像一個大陸，佔據了大西洋的中心；但該島的北部略低，與今天的費城平行。另一方面，該島的形狀更明顯是三角形，從這個角度來看，基爾學的畫法更好。另外，在基爾學的圖畫中，只有圍繞著亞特蘭提斯這個大洲島的兩個島嶼被正確地表現出來，但沒有提到非洲下面的那些島嶼，其中一個比現在的斯里蘭卡略小。我在圖像中看到的比例表現在另一頁上。

隨後，在亞特蘭提斯第一次分裂後，在中心島周圍確實有一些島嶼串，可以被認為是它的「郊區」。例如，亞速爾群島是作為亞特蘭提斯一部分的上層島嶼的殘餘，維德角

8 阿塔納奇歐斯·基爾學（一六〇一—一六八〇）是一位德國耶穌會學者，他發表了大約40部主要作品，最引人注目的是在比較宗教、N、地質學和醫學領域。他正確地建立了古埃及語和科普特語之間的聯繫，一些評論家認為他是埃及學的創始人。

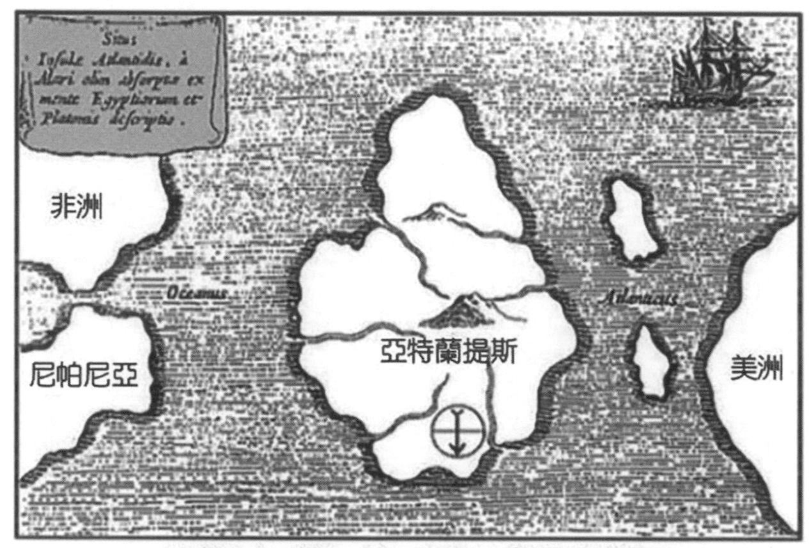

阿塔納奇歐斯．基爾學的亞特蘭提斯地圖

上圖所示的位置更接近當時亞特蘭提斯的地理實況

（Cape Verde）群島實際上是存在於亞特蘭提斯右側的稍大島嶼的區域。然而，加那利群島，由於它們是現今組成的，與亞特蘭提斯的領土沒有關係。

另一方面，百慕達群島目前是亞特蘭提斯左邊的大島的碎片。在其中一些島嶼周圍的海底可以發現一些遺跡。例如，在今天百慕達所在的地區，建造了巨大的金字塔，在亞速爾群島，有一個發達的城市。

在亞特蘭提斯的東北部，朝向歐洲的地方，甚至有一個「扇形」的小島嶼，這些島嶼在基爾學的圖畫中沒有顯示，但在第二張圖畫中確實出現了。現在只剩下小塊的碎片（亞速爾群島），讓人聯想到幾千年前的偉大文明。

亞特蘭提斯文明的全盛時期，以其高度發達的文明和文化而聞名

有趣的是，當亞特蘭提斯處於起步階段時，它的大部分人口和生命都集中在群島的海岸上，而「大陸」的中間是許多植被，這些植被從美學的角度環繞著那裡的大金字塔、巨大的太空港和其他看起來像高塔的建築。然而，大部分活動發生在島上的沿海地區，那裡的地面和空中都非常熱鬧。

大陸上的許多地區呈圓形，似乎有射線通向島的中心。當影像放大時，我注意到射線實際上是一種直徑相當大的管子，可能是為了便於快速傳輸。

亞特蘭提斯不僅以其高度發達的文明和文化而聞名，而且還是連接地球和其他星球上生物的中心區域。地球上只屬於E－N－L分支的生物和銀河系其他行星上的許多其他類型的生物之間有著複雜的混合。在這方面，這與當前市場上出現的一些科幻電影場景並沒有太大區別，儘管這對許多讀者來說似乎難以置信。

與其他大陸相比，亞特蘭提斯是高度進化的，就像我們今天與亞馬遜河或新幾內亞的部落相比。它不僅與地球其他地方的生物有聯繫；但正如我所說，它代表著與宇宙其他文明的重要聯繫點，積極參與銀河系這一地區的貿易和宇宙外交。

在島的中央，有一個巨大的太空港，亞特蘭提斯和外星的許多類型和大小的飛船都在

太空港
亞特蘭提斯概貌

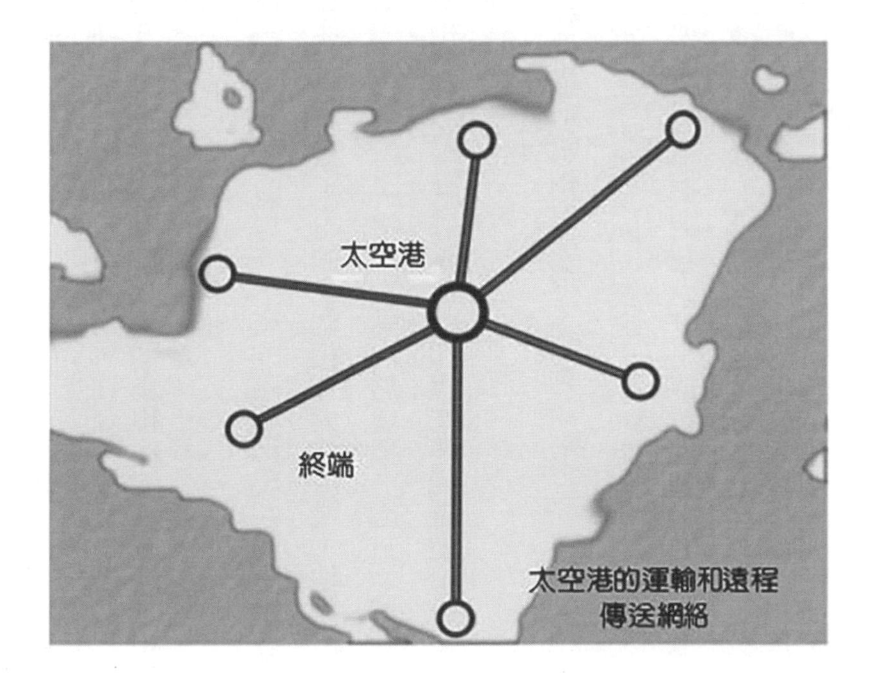

太空港
終端
太空港的運輸和遠程
傳送網絡

這裡活動，非常熱絡。看著螢幕上的影像，我注意到它們很大程度上與其他有關亞特蘭提斯的故事相對應，這些故事隨著時間的推移已經出現在書籍或網路上。地球已經成為一個非常重要的宇宙轉運中心，這意味著外星活動，特別是外交和商業活動相當熱絡。許多大小和形狀各異的飛船從我們的星球來來去去，使用大島上不同的平臺和終端，但最大和最重要的太空港是位於亞特蘭提斯大陸中部的一個。

我還可以在這些圖像中看到地球的一種「微妙的X射線」，它的磁場與現在的磁場有些不同。一種非常巧妙的方式向我呈現，在亞特蘭提斯上方的一個相當大的區域。地面磁場有許多旋渦，使它看起來像地球上有一個「第三極」。這是一種自然現象，因為地球表面下存在著大量特定的金屬岩石，與該區域相對應。這就是為什麼即使在現代時期，百慕達地區發生的奇怪現象仍然被注意到的原因。

這個地球磁場的「第三極」的存在允許外星飛船和地球飛船能夠非常容易地進入和離開大氣層。這在空中活動中形成了一種「走廊」，與空氣的摩擦更小，重力作用更弱。對於先進文明的飛船來說，這一方面並不重要，因為他們的技術並不依賴於這種力量，但在當時，亞特蘭提斯與發達的中等文明有許多其他聯繫，他們的飛船依賴於這些方面。例如，這些文明的技術還沒有達到基於量子性質的元素或特殊力量場非常先進的推進系統的水準，而且他們不具備必要的知識，無法在他們的飛船周圍充分產生抗性的「能量護盾」，以抵消摩擦或慣性效應。

亞特蘭提斯的最終沉沒，經歷了漫長的過程

在導致亞特蘭提斯滅絕的大災難發生之前，大陸棚的下沉已經開始，但這個過程進展緩慢，歷時數萬年，最終在西元前一一五〇〇年左右完全消失在水下。這個日期是許多有遠見的人、神秘主義者、千里眼或具有特殊能力的生命所認同的；就我所能計算和插值全息螢幕上影像中顯示的頻率而言，顯示的時間點是正確的，可能在幾十年的時間裡。然而，在最後一次大災難發生前大約一千至一千二百年，該大陸開始急劇下沉並崩塌成島嶼。最後一次洪水來得更快，甚至更可怕，因為毀滅性的地震不僅發生在亞特蘭提斯大陸地區，而且在地球的許多其他地區。從舊大陸保留下來相對完整的部分來自非洲，但其餘部份分散在較大或較小的島嶼上。

對於亞特蘭提斯的消失，一個有意思的說法就是它突然毀滅。柏拉圖說，這發生在「一天一夜之間」。實際上，大陸的毀滅是分階段發生的，只有最後階段是突然的。在第一階段，曾經是一個巨大的島嶼大陸「分裂」成了幾個「片狀」，成為島嶼。結果，亞特蘭提斯很快變成了一個島嶼地區，從而失去了凝聚力。

作為一個重要的評論，我可以說突然的現象是打破物質層和乙太層之間的連繫，在那之前，亞特蘭提斯是相當穩固的。在毀滅之初，來自乙太層的生物們並沒有非常清楚地注

意到物質大陸的下沉，但在某時刻，由於維度分裂，那些來自乙太層的生物們發現他們不再有支撐，就好像地毯從他們腳下被拉出，而乙太層開始溶解。

他們不能再像以前那樣與物理層連繫著了。例如，正如我在一些圖片中看到的，他們朝著某個方向前進，到達陸地上的一個都市；但他們看到的卻是海水，知道一定還有別的東西。

因此，乙太層中沒有支撐的那部分被重新吸收到物理層的乾旱區域中。因為靠近它，乙太層也需要「倚靠」某些東西。即使在今天，在物理層和乙太層之間也有這樣的連繫；比那個時期少得多，但它們仍然存在。例如，如果你穿過一片森林，並通過一個維度的裂縫，你可以進入乙太層，但這並不意味著你必須在山

大災難第一階段後的亞特蘭提斯

頂或湖中突然醒來；但它通常尊重通道周圍空間的特徵。在景觀上有不同，但它們並不明顯，至少從一開始就不明顯。

因此，亞特蘭提斯並沒有像人們所說的那樣「在一天一夜之間」死去。她的淹沒經歷了漫長的過程，並分階段進行，她最後的遺跡消失在水中約一三五〇〇年前。「突然」的概念可能是從乙太層面的斷裂，或者是最後一次災難性的災難。

如果那場災難是自然發生的，持續的時間相當於數百萬年，那麼亞特蘭提斯的沉沒似乎看起來像是「在一天一夜之間」發生的。也就是說，速度相當快。

當時所涉及的力量和能量足巨大的，它們深深地破壞了地殼的能量結構，也在相應的乙太層造成了巨大的擾動。亞特蘭提斯的沉沒也是由於那個時期地殼水準發生的重大變化。我看到了描繪地殼重新排列的全息影像。基本上，它「旋轉」，然後到達目前的結構。

在圍繞穿過亞特蘭提斯地區的第三極軸發生的地殼大規模重排之後，以該軸為特徵的非常強的磁漩渦強度降低，因此，與乙太層的潛在能量連繫減弱。有趣的是，查爾斯・哈普古德（Charles Hapgood）已經揭示了這個事實，我知道他的理論是指由於兩極的「漂移」而導致地殼的位移。

我很驚訝，但也很高興地發現，這實際上是完全正確的。

亞特蘭提斯的兩個陣營

亞特蘭提斯與許多其他外星文明之間的商業、科學和文化交流使其文明發展得非常迅速。從我在全息螢幕上的情形來看，他們的黃金的顏色是黃色，這並不奇怪，特別是因為他們文明的象徵是太陽，經常出現在他們胸前的衣服上。然而，在達到精神和科技發展的先進水平之後，由於與乙太層的連繫減少了，他們的文明中出現了隔離現象。一部分人進化，通過保持與乙太層的連繫達到更高的意識頻率，另一部分人思想僵化，擁有有限的信念，這是一些成員甚至一些智者的共同信念。

當我看到這個文明最後一個時期的整體能量場為一個球體時，我明白了這一點。我注意到它分裂了，從作為微妙色調的黃色中，出現了兩種截然不同的微妙顏色：一種是淡藍色，另一種是紅橙色。有兩種不同的頻率：那些更傾向於紅橙色的人屬於社會高層和科學家，而那些屬於淺藍色的微妙領域的代表聖賢和亞特蘭提斯社會的「精神範疇」。

亞特蘭提斯人的思想和感情分為兩個有點對立的類別，這一點愈來愈明顯。後來，許多屬於藍色範疇的人在最後一場大災難發生前幾百年，就去了世界的其他地方，在與乙太層的連繫還能保持一段時間的地區誕生了其他中心。漸漸地，由於藍色派系的撤退，亞特蘭提斯開始被微妙的橙色派系主導，橙色派系的取向主要是唯物主義。

真正聰明的人離開亞特蘭提斯有兩個原因。首先，出於匹配共振振動頻率的原因，從物質的亞特蘭提斯分離是必要的；另一方面，他們的目標是真正幫助E—N—K生物群更快地發展、進步和進化，因為他們預見到了E—N—L分支的虛擬終點，因為它的生殖資源和進步潛力有限。同時，他們知道亞特蘭提斯的末日是無法避免的，他們想保存他們所擁有的巨大知識，並將其傳遞給地球上唯一的E—N—K人們。

由於E—N—L分支和大多數E—N—K生物在進化上的差異是巨大的，亞特蘭提斯的學者意識到，如果他們不作為E—N—K分支的一個積極有效的教育和指導，人類將僅僅停留在原始的發展水準，因為其唯一成員將是E—N—K。

亞特蘭提斯戲劇性的高潮迭起

全息螢幕上呈現給我的最後一連串圖像，包括亞特蘭提斯的最後幾秒鐘，它涉及到大量的戲劇性。我們在沉入水中時看到那個非凡文明的最後一項非凡成就，就是巨大的閃亮金字塔，它聳立在亞特蘭提斯大陸的中心，靠近太空港。它比目前埃及的金字塔要大得多，具有完美光滑的側面，就像半透明的金屬。我只看到了金字塔頂部陷入巨浪的那一刻。在金字塔的頂端，我看到了一座燈塔，它實際上是一個巨大的紅寶石色的水晶，像鐳射一樣斷斷續續地閃爍著，直到它被可怕的大災難造成的巨浪所沖毀。同時，大西洋的圖像不知為何似乎從上面疊加在我身上，在那個巨大的金字塔沉入周圍水域的劇烈時刻，那時的區域只變成了一片廣闊的水域，沒有任何的乾燥區域。在那非常悲傷的視覺瞬間之外，它帶來了一種巨大的痛苦和靈魂破碎的感覺，我敏銳地感覺到，就像淹沒在水下的大陸本身發出的絕望的哭聲。這是一個屬於E—N—L分支的偉大文明的最後吶喊。

拯救人類的偉大會議和計畫

正如我前面提到的，在很早就知道即將到來的大災難迫在眉睫，統治亞特蘭提斯的聖賢們想要保留他們文明的大部分知識，但同時也試圖支持亞特蘭提斯之後留下E－N－K分支生物的進化。他們知道，導致亞特蘭提斯文明及其高峰形成的分支，即E－N－L分支，將會衰落甚至消失，所以他們著手利用當時獲得的高深知識支援另一個分支（E－N－K）的進化。

在大陸完全沉入的影像之後，我立即看到在一個山區的巨大穹頂下，有非常多的人類和外星人聚集，但我無法確定它在地球上發生的確切地點。從某種角度來看，那次會議類似於二八〇〇〇年前的大行星理事會，但亞特蘭提斯消失後的集會更加緊張，其中人類的比例更高。即便如此，我還是能夠看到令人驚訝的各種種族，包括人類和外星人。

我估計出席那次會議的生命數量超過了250個靈魂。我通過心電感應理解到，這是一群回應智慧E－N－L生命之求助呼籲的生命體和種族，這個呼籲甚至在亞特蘭提斯完全消失之前就已經發出。由於剛剛發生的行星大災難所造成的巨大緊張，我可以看到一些與會者有明顯的關切跡象。這相當於持續存在的未解決的恐懼，甚至在這種情況下表現出某種緊張。

在那次特別會議上，就我們星球和E—N—K生命的未來演變作出了非常重要的決定。實際上，這個星球的主要協調點已經建立。從某種角度來看，這些決定甚至比西元前二六〇〇〇年的大行星理事會上做出的決定更具體、更有效，因為當時的形勢非常戲劇性，因為即使是培訓智慧和精神進化的人類的最初項目也有失敗的危險。人類面臨著「匿名」消失或自我毀滅的風險。

看了這些影像後，我不禁注意到，理事會對地球上分配給每個外星文明的區域進行了某種「談判」，以便進行「重整」。最初，我以為他們的代表對他們有影響力的地下或地表的資源感興趣。但我很快意識到，這並不是「談判」的標準，而是要求在指定地區有大量E—N—K人口。

該次會議的與會者要求這樣做，是為了能夠在各自群體的DNA結構中進行基因改變，這種改變將遵循觀察其進化的外星種族的特徵。因此，這是大約一四〇〇〇年前在特奧提瓦坎的大行星理事會上確定的「影響區」之重新分配，只是現在，在亞特蘭提斯沉沒之後，全球形勢更加嚴峻。

意識振動頻率的「斷裂」

這場大災難不僅影響了地球地殼的物理結構，還引起了其振動頻率的變化，影響了附著在地球上的細微層面的能量狀況。這是一次全面的「淪陷」，人類倒退了一大步。

人類進化到那時所取得的許多成果幾乎被那場在全球範圍內產生負面影響的大災難所湮滅。在其他文明中，一個完整的E—N—L文明——據我所見，亞特蘭提斯文明是地球上最後一個這樣的文明——它因其科技和精神上的成就而出類拔萃，但卻已經消失在水下，伴隨著大量的進化生物和其進步的驚人成就。當時所有科學的知識、經驗和進步都在一個相對較短的時期內被消滅了。人類的進化資源突然變得非常有限，因為當時居住在地球上的幾乎所有剩餘的生物仍然是進化不良的E—N—K生物。

我可以通過心電感應感受到這一切，也可以感受到大災難之後特定狀態的「浸漬」。在其他情況下，我會把這種情況形容為人類的絕望，但是，高度智能的亞特蘭提斯倖存者和一些先進的外星文明的立即動員，已經減少了可怕的能量和意識崩潰，這種崩潰將由於偉大的亞特蘭提斯文明的消失而感受數千年。

支持和恢復人類計畫

這一動員的首要措施之一是外星文明致力於重建人類加速進化鏈條之緊急聯合。這就是外星「影響區」的分佈，涉及人類文明的建設，因為它適用於物質層面以及科學、精神和一般知識。同時，通過E—N—K生物DNA的混種和遺傳修飾，豐富和改良了人類DNA遺傳遺產的「苗圃」。這必然要發生，因為E—N—L生命的「遺傳」在很大程度上已經遺失了，這是由於大災變以及他們逐漸退出乙太層的原因。地球上外星「影響區」的新分佈將給E—N—K生物的DNA結構帶來新鮮氣息，使他們能夠理解和重建至少一些進化的E—N—L生物的知識。

因此，在這樣一個外星「影響區」中的人類，隨著時間的推移，表現出與之混種文明的某些特徵，因為他們的DNA在很大程度上與那個外星文明的DNA結合在一起。他們就像那個文明的「兒子」，從而導致了人類DNA結構的複雜性。例如，外星人想知道有多少個組合能夠支持E—N—K生物的DNA，這些組合的性質和特點是什麼，基因組結構的發展限制是什麼，以及它能抵御多少「擴展」。自然地，每一個外星文明的代表都有一定的邊界，他們可以控制E—N—K生物的DNA，而這只涉及與他們DNA的特殊性有關的領域。

然而，除了參與形成一個複雜生命的基因實驗此種利他主義願望之外，我不太明白為什麼外星文明想要體驗這一點。他們可能想重振和改善自己的DNA，或者計畫將E－N－K生物「遷移」到其他星球。這一點我不太清楚，但我並不堅持要知道。然而，我意識到，這在銀河系層面上是一個獨特的機會，對於許多先進文明來說，這是不可忽視的，因為它的潛力非常巨大。我想這也是許多外星文明響應這個號召的一個很好的理由，除了聯盟的那些文明，後者來自銀河系中一個更近的區域。

個人的決定和辨別力

關於亞特蘭提斯當時的情況的描述，並不與所有曾經談論或寫過它的人吻合。大多數情況下，在不同作者所作的論述中，存在著真實與想像的結合，不幸的是，其中想像力占主導地位。此外，由於缺乏細節或對重要問題的準確描述，使得科學對於人類的遙遠時期仍然有些模糊或缺乏理解，特別是因為許多人不知道E－N－L生命能夠平行存在，因為他們進入乙太層，而另一方面，較不發達的E－N－K生命沒有存取權限。

當然，可以說，我對人類真實歷史的陳述可能是錯誤的，也可能只是我想像的產物。歸根結底，為什麼讀者應該比那些揭露了人類遙遠過去事件的作者更相信我？這種情況是敏感的，因為毫無疑問，即使目前有可能，也無法具有物理性質的明確證據引起公眾的注意。這就是制度的運作方式，這些是它的「強制性要求」，我們不能做我們想做的一切，因為我們融入了一個仍然強烈對立的社會。由於各種原因，或多或少帶有神秘色彩的利益往往使人喪失真正的知識，這就是為什麼許多已經發現的元素還不能呈現在世人面前的原因。鑒於當今人類的文化水準和理解水準，其中一些理由是合理和有意義的。但問題是，這些理由是否足以阻止那些被列為絕密和超絕密領域的真相被揭露。

例如，關於與人類真實歷史有關的因素，我只被允許介紹其中一些有標記的事例，而

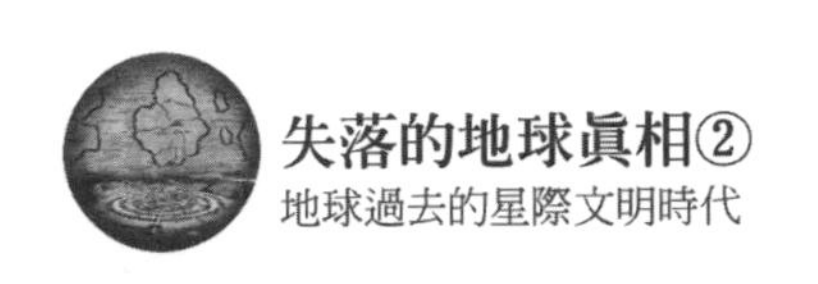

不是我設法看到的所有事例。即便如此，仍然存在著所介紹的事實和面向的可信度問題，但這已經是個別問題。這是讀者個人的決定和辨別力，以及他對我提出面向的知識和直覺，這是最重要的。

讀者面臨著艱難的選擇，因為他能聽到來自其他作者的資訊，而這些資訊與我在這裡所寫的並不一致。在某些情況下，這可能會導致困惑，甚至是一種拒絕，因為他可能會感到自己的期望被誤導，或者被某個主題或另一個主題披露的性質所操縱，不同作者的披露是不同的。

在這種情況下，什麼也做不了。除此之外，我唯一可以援引的元素是，就我而言，我實際上看到了人類歷史的這些片段，幾乎所有的東西都是以在螢幕上觀看電影的方式出現的，但在技術和合成方面的水準卻要高得多。心電感應傳輸過程和直覺理解使觀看過程加倍，所有這些都是由大腦皮層與先進技術的互動所決定的。我的描述可以這樣理解，也可以不這樣理解，由每個人自己決定。然而，有了我在這裡提供的資訊，就可以建立相關性，也可以理解以前從未解釋過的事情，所有這些都是個人分析的重要起點。

跨維度傳送門

在遙遠的亞特蘭提斯時期，也就是眾所周知的許珀耳玻瑞亞文明時期，E－N－L生物進化得如此之快，以至於他們開始被高度進化的外星文明所認可。

我們星球在那個時代的可能性更為廣泛，因為地球不僅提供了物理層的變體，而且還提供了乙太層的變體，地球表面的一些生物可以進入乙太層。當時，物質層和乙太層的頻率相當接近，儘管它們之間的許多區域和交會點因為可怕的塔爾蘇斯戰爭而消失了。

即使在亞特蘭提斯時期，這兩個層面（物質層面和乙太層面）之間也沒有像今天這樣的巨大差異。提升者知道如何有意識地從一個層面移動到下一個層面，尤其知道如何在他們之間做出改變。對於E－N－L人來說，這是一個普通且非常自然的實踐，但是通過當時存在的許多門戶進入乙太層是完全可能且容易的，甚至對於一些更發達的E－N－K生物來說也是如此。

物理層和乙太層之間的相互作用是多方面的，物質與乙太以一種非常自然的方式混合。在地球表面的許多地方，特別是在北半球，都有這樣的「通道門」，甚至乙太層面表現的廣闊領域，當然，就振動頻率而言，乙太層面高於物理層面，而所謂的古代歷史神話事件正是由幾萬年前的那個時代的特徵來解釋的，當時的物質維度與微妙的乙太維度是成對的。

然而，這些層面之間的「門」，主要是令那些進化的E—N—L人或「半神人」能夠通過，而不是原始E—N—K人，後者主要害怕這些現象，將它們歸因於超自然的維度。透過這些入口進入乙太層，只對人口中某些啟動的部分有效。這一事實很重要，因為它使得在大洪水發生時拯救亞特蘭提斯的部分智慧生命成為可能，並在地球的不同地區建立這些生命。但最重要的方面是，地球表面存在的跨維度門戶，即使比古代少，也允許並保持了與進化的外星生物和更高乙太層的連繫和溝通。

「革命」與亞特蘭提斯的淪陷

在亞特蘭提斯，所有人都屬於E－N－L分支。過了一段時間，由於一些微妙的影響，這些人的後代開始轉向不太正統的行為，追求個人利益；尤其是掌握了對非常先進的科技的領導和控制權，因此，他們開始在物種之間進行奇怪的雜交育種，利用E－N－K生物來達到這個目的，因為他們被認為是不發達的，在他們的心目中，在亞特蘭提斯時期以這種方式反叛的E－N－L生物的主要錯誤是他們忽略了一個明顯的事實：他們和E－N－K一樣，是從原始的DNA結構進化而來的。因此，E－N－K生物是他們的基因兄弟。

通過進行非常奇怪的雜交育種和基因實驗，叛亂分子實際上破壞和改變了他們DNA中某些有益的共振，因為它與他們認為低等的E－N－K生命的共振直接相關。正如我所看到的，這些都是壞的甚至是邪惡的行為，違反了普遍正義的法則，無論是從意圖還是從他們想要實現的目標來看。

因此，儘管E－N－L分支已經相當進化，但內部仍然存在著隔離，因為他們中只有一部分人進化了，仍然與「E－N－L精英集團」相連，而另一部分人仍然沒有進化，因為他們堅持那些實驗和實現自私的計畫，降到了分離的個體水平。

由於反叛者是已經擁有強大力量和先進知識的生命，他們的消極行為和意圖在整個世界產生了非常強烈的反響。通過積累，隨著能量頻率的急劇下降，人類文明受到了可怕的衝擊。

由於沒有受到E－N－L生命的啟發，偏離了K分支的生命（E－N－K），加入了為個人使用而攫取權力的自私意圖，從而破壞了大陸上的能量平衡，最終導致了大陸的全面毀滅。因此，L分支的一部分人沒有進化，而是在這個星球上製造了非常嚴重的問題，這是對其自身能量水準的真正破壞。

亞特蘭提斯毀滅之前，決定性的時刻

面對亞特蘭提斯毀滅的迫在眉睫的危險，一些仁慈的E—N—L生命遷移並尋求來自其他地區的E—N—L「精英群體」的進化生命以及高度先進的外星文明的幫助。這是一個決定性的時刻；然後，在銀河系和行星的層面上，決定修復這方面的問題，或至少減弱其重力。

因此，天狼人開始化身為於地球上存在的進化的和有益的E—N—L生物的基因系，以充分支持這一恢復過程，並再次支持人類文明的搖籃。這是有可能的，因為正如我提到的，很大一部分E—N—L生命已經達到了高級的進化程度，這使得明智的外星生命可以化身為E—N—L的肉體。在亞特蘭提斯陷落後，有必要加速E—N—K人類的進化，我們稱之為智人。在那之前，一般來說，E—N—K生命被允許自由進化，沒有精確的目標。偶爾，他們通過各種類型的外星混種得到「衝動」，這被證明或多或少是積極的。E—N—K生命的DNA複雜度很高，K分支的進化沒有任何秩序或定性的目標，只能通過自己的經驗走一條更加艱難的道路。

當亞特蘭提斯大陸的毀滅迫在眉睫而又無能為力時，聖賢和一小部分有學識的貴族階層離開了該地區，要麼轉向與亞特蘭提斯有密切貿易和外交關係的其他星系，要麼撤回香巴拉去幫助人類。從這一層次的社會遷移到地球的某些地區，特別是埃及、南美或歐洲東部和北部地方。在亞特蘭提斯沉沒期間，很大一部分人撤退到了地球內部，特別是由於決定給予E－N－K分支自由發展的權利。起初，只有E－N－L生命；但後來，在接下來的幾千年裡，地球內部的這個星球的內部「空洞」被E－N－K生命所佔據。首先退休的是「半神」；然後，逐漸出現了充分進化的E－N－K生命。

我注意到並發現有趣的是，留在地球上的亞特蘭提斯人並沒有使用預期的交通工具前往其他地區。他們既不乘飛船旅行，也不帶著他們的高性能設備航行。在最後的毀滅之前的最後幾週和幾天裡發生的事情，實際上是在地面上通過乙太層。例如，他們首先進入乙太層之後通過陸地到達埃及，後來，當他們到達被稱為凱姆（Khem）的地方時回到物質層，即北非的黑土國家，我們稱之為埃及。

亞特蘭提斯文明的沉沒

隨著亞特蘭提斯文明的沉沒，我們星球的整體振動頻率急劇下降。這正是為什麼有必要在E－N－K人中實施精神血統和高等教育，其中大部分仍留在地球表面。這樣，人類的進化就不會受阻。

因此，每一個文明或文明集團，連同亞特蘭提斯人，都朝著這個方向發展。在此之前，許多參與人類形成過程的聯盟文明已經將自己的DNA或基因影響落實到最先進的人類設計的基本DNA中。在一段時間內，他們跟隨這些特徵在人類身上的發展；然後，當他們認為已經完成了他們的任務時，就從地球上分配給他們的勢力範圍撤退了，特別是在西元前二六〇〇〇年的大行星理事會之後。

然而，亞特蘭提斯被摧毀後，掌管銀河聯盟的都市，以香巴拉為中心論壇，請求幫助開始與銀河系其他文明的合作，並在地球上採取行動，以便至少恢復一些在行星和亞特蘭提斯大災難中遺失的東西。我們談論的是知識、精神、科學和科技。

從全息螢幕上看到的，我意識到他們的行動是快速而有效的。我注意到在那個時期，靈性血統和教導的實施必須直接進行。在亞特蘭提斯毀滅之前，當國王或智者傳播某些觀念和啟蒙時所使用的方法不再有效，因為在E－N－L生物幾乎完全消失之後，人口由

E－N－K生物組成，他們已經開始被劃分為不同的思維和行動類別。

人們不僅需要皇室血統，還需要獨立於皇室的智慧血統和與精神道路。因此，這些教義必須在亞特蘭提斯被摧毀後提供，特別是在一開始，由聰明的亞特蘭提斯人和外星生命提供，他們來到這些人中，引導他們進入不同的科學和靈性領域。我從這些圖片中看到了他們是如何把知識帶到小團體中，然後帶到啟蒙學校，最後，帶到更複雜的教學系統中，其中包含了更高科技的元素。因此，在E－N－K生命中形成了一些高峰期，愈來愈多的知識在更多的人群中傳播，產生了更高的血統和思想體系。

E—N—K 分支的重要性

漸漸地，隨著這些圖像，我開始驚訝地意識到，實際上，K分支是所有外星文明的主要興趣所在。從基因發育的角度來看，人類 DNA 最發達的分支能夠引起如此巨大的興趣，這讓我感到驚訝，甚至是莫名其妙。正如我所說，從一開始，E—N—K生物就被允許通過他們自己的經驗，在某種程度上獨自進化。也就是說，沒有對他們的情況進行大規模的干預，比如在E—N—L生命的案例中，他們不斷地被精煉，被新的頻率所豐富，並且在 DNA 層面上被鑿刻。

其主要原因是該分支的遺傳操作具有某種「剛性」。在不同類型的雜交育種中，K分支具有很強的流動性，但它的進化程度不高。與E—N—L分支的遺傳「可塑性」不同，E—N—K分支沒有能力承受 DNA 大分子中的高頻率，這導致了物種的緩慢進化，特別是因為它沒有外部「衝動」的幫助。面對我合理的驚訝，來自阿佩洛斯的人向我解釋說，一個非常有趣的論點是關於E—N—K生命決定的基礎。聯盟中的外星文明對E—N—K基因非常感興趣，因為這個分支的 DNA 的特殊結構顯示出了特殊的生命力。

E—N—K基因保存了甚至發展了一種生命的內在能量，使之具有高度的生產力、彈性和穩定性。當時地球表面的大多數人類都是E—N—K人，這並非偶然，今天仍然如

此。它們很好地融入了地球的生物圈，並與之產生了有效的共鳴。在進化的某個階段，即使意識的精細化和層次不太高，這種活力的一面也非常重要，因為它提供了基因連續性所需的「燃料」，而不使其迅速衰退，生命力是一個「再生者」；同時，也為進化中的生命提供了能量的「電容器」。在K分支的情況下，它使DNA有可能在大分子內部進行許多原子間的結合。這使得它成為可能與其他類型DNA結合的肥沃土壤，但也具有很高的生命能量。

即便如此，並非所有的E—N—K生物都處於進化的原始水準。其中一些已經與更高的DNA混種，大多數情況下與E—N—L生物混種，但也與外星生物混種。然而，即使結果從一開始就不是「壯觀的」，基因的變化也會隨著時間的推移而傳播；至少在某些影響範圍內，一些領域的E—N—K生物變得非常強大，容光煥發，有魅力和天賦，甚至擁有超自然的力量。

正如我所說的，傳說和神話，實際上告訴我們實際發生的非凡事件，把這種生命稱為「半神」；也就是說，人類被賦予了特殊的能力，遠遠優於普通的E—N—K人。也有中等水準的發展，但大多數E—N—K生物處於進化的早期階段。

由於E—N—K生物遍佈全球各地，他們的意識水平也有很大差異。例如，我們已經看到，高E—N—K生物的小型社區與原始E—N—K生物的群落非常接近，就像在我們的城市裡，我們遇到各種各樣的生物，從學者到乞丐，或是在原始部落附近發展起來的城市，都生活在地球的同一地區。

人類文明的變革

正如我所說，亞特蘭提斯大災難之後，知識開始與世界各地的人們分享。醫學、占星術知識、煉金術，以及其他卓越的科學開始出現，這是以前在E－N－K生命中所不知道的。在總結和示範的一系列圖像中，我看到它們被緩慢實現的方式，以便使E－N－K生命更僵化的意識能夠正確地吸收一切，並更有效地使用這些天賦。許多知識都是通過神話和傳說傳遞下來的，許多天體事件都是通過「神」和「女神」的故事來表達的。

在此之前，知識是一個統一的整體，因為就我所知，一切都屬於這個時代的基本精神知識。然而，在亞特蘭提斯消失後，不同的知識領域有必要在E－N－K分支的意義上進行分割和解釋，以便更接近其相關的特殊性。例如，有些人傾向於學習，有些人致力於藝術，還有一些人接觸科學和深奧的東西。這就是為什麼高度智能的亞特蘭提斯人，和一部分代表聯盟外星文明的人承擔了一個領域，將自己的特定振動頻率落實到人類的知識中；也就是E－N－K。

所有遵循古埃及傳統的偉大大「神」（托特、拉等）都是支持這一人類文明精神分支改革的守護者。事實上，第一個真正影響E－N－K進化的古代文明是埃及文明。亞特蘭提斯淪陷後留下的少數高等E－N－L生物，以及尋求高級外星生物幫助的人，必須與他們保持聯繫，以便建造今天仍然存在的巨大金字塔。這是因為埃及的三座大金字塔事實上只是：微妙的交流中心，但這絕不是一些歷史學家、埃及學家和當代科學家所支持的版本。他們將其稱為「自大狂的建築」，只有一個目的：法老的葬禮。他們當中很少有人有勇氣說，在埃及和地球上其他地方的「難民」亞特蘭提斯人——如中美洲和南美洲、東歐甚至是中國，在設計和製造這些金字塔時得到了一些先進外星文明的幫助。這一點我將在後面描述。

那時，大型球形天狼星飛船已不再出現在天空中。正如我所看到的那樣，天空中出現的飛船一直持續到西元前三十五萬年，然後偶爾到達西元前三十三萬年，很少持續到我估計的西元前十三萬年的時期。到那時，在非洲南部，已經有了一個發達的文明，包括大量的E－N－L生物。之後，在太平洋的魯曼尼亞文明盛開之際，另一艘巨大的天狼星飛船出現在天空中，但我沒有看到關於它的細節。然而，在天穹上，我看到與它相伴的還有其他幾種外星飛船，比例很大，但比天狼星飛船小。很久以後，我看到其中一些外星飛船將在埃及文明的歷史中發揮重要作用，在亞特蘭提斯沉沒後協助建造金字塔和其他偉大的神廟。

第13章

金字塔具有天狼星風格？驚人科技的建造過程

這三座金字塔的建造方式與目前的「學術視野」完全無關，這種隱藏真相的「戲劇」，在當今科學所支持的大膽方式是荒謬可笑的，其根源在於歷史學家、考古學家和埃及學家無法相信人類歷史可能與一般呈現給全世界的方式不同。歷史的很大一部分，如亞特蘭提斯的存在和消亡，都被排除在外，理由是它們只能是「傳說」。然而，人類歷史上的「亞特蘭提斯事件」是最重要的事件之一，因為這個偉大陸地的消失從根本上影響了人類乃至整個地球的狀況。

對於爭論開羅附近吉薩高原上的金字塔年代，這件事幾乎毫無意義。任何一個有著良好的判斷力和智慧，以及最低限度知識的人，都可以意識到，將埃及大金字塔歸結為大約四千五百年歷史的「經典」言論，得到了當代考古學家和埃及學家的支持，是很滑稽的。有趣的是，還有一個愚蠢的想法，那就是建造這些巨大的建築是為了法老的墳墓，而法老是在建造這些建築的時候居住的。

埃及大金字塔的真實年代

關於這一點，有一個事實是肯定的。這三座金字塔的建造方式與當前的「學術視野」完全無關，任何具有某種文化和智力的人都不可能接受一些埃及學家和當代考古學家關於金字塔起源的說法，更不用說人面獅身像了，所有這些都被現代科學完全掩蓋了，與這些宏偉的建築有關的問號、懸而未決的問題和神秘的因素太多了，甚至不值一提。

這種隱藏真相的「戲劇」，在當今科學所支持的大膽方式是荒謬可笑的，其根源在於歷史學家、考古學家和埃及學家無法相信人類歷史可能與一般呈現給全世界的方式不同。例如，這段歷史的很大一部分，例如亞特蘭提斯的存在和消亡，都被排除在外，理由是它們只能是「傳說」。然而，人類歷史上的「亞特蘭提斯事件」是最重要的事件之一，因為這個偉大陸地的消失從根本上影響了人類乃至整個地球的狀況。除此之外，大約二七五〇〇年前，香巴拉的土地被撤回到乙太層。地球上這兩個重要的知識和生命進化的基本極點的消失，極大地影響了人類的發展行程。

我們可以談論許多反駁的觀點和因素，證明關於埃及金字塔的古老性以及如何建造的「正統」觀點是錯誤的，但我認為沒有必要在這裡提出這些觀點。感興趣的讀者可以通過最少的研究，自己發現這樣的問題，然後被某些「舞台」上的科學家所表達觀點的天真和膚淺所逗樂。

有趣的是，許多具有超感官知覺和特殊稟賦的人提到了一些東西，而不是默許接受關於這些非凡結構的科學版本。這些作者描述的一些元素與我所接觸到的阿卡西記錄的真實性相符，但其他的則被錯誤地呈現或省略了。

那些承認金字塔不是一般所說的人甚至達成了共識。就是認為金字塔是由外星文明建造的，這與事實相差無幾。與其說是對誰建造了金字塔或如何建造的解釋或敘述，一般來說，人們觀察到的關於在地球不同地區建造的大金字塔的謎團更多，對這一性質的解釋往往是真理和想像的混合體，但也有一類特殊的解釋來自埃及學家、考古學家和科學家，他們完全錯了。

如果我們提到開羅附近的建築群，尤其是大金字塔，正確的建築年代大約是一三五〇〇年前。從頻率的「相互作用」中找到這個「年齡」並不太難，特別是因為我已經在這個方向上有了一些經驗。然而，我確實注意到了資訊的「運動」，那一時期的一種「騷動」，這是一種最初讓我有點困惑的東西。宣佈金字塔的實際年齡並不是什麼新鮮事，因為許多作者和透視者已經提到了這一點。

因此，對於那些關心的人來說，當代埃及學家和考古學家的觀點與現實無關。此外，他們對金字塔的意義，是誰建造的，尤其是金字塔是如何建造的整個概念是完全錯誤的。

我所看到的影像和我所感知的頻率所產生的計算結果，都盡可能清楚地告訴我，吉薩高原上的三座金字塔是在大約一二五〇〇年前亞特蘭提斯沉沒後立即建造的。

爬蟲族在太陽系的入侵

開羅附近建築群的年齡並不令我感到驚訝，因為我早就知道它不可能是「近期的」，真正令人驚訝的真實是，照片顯示我們星球上金字塔的建造始於大約十萬年前。這一背景值得簡要介紹，因為它提供了一個更廣泛和更相關的洞察，讓我們了解金字塔是如何建立在地球上，其真正的建設者，以及決定完成這些巨大建設的主要動機。我之所以能看到和理解這些問題，是因為我專注於金字塔的建造。我已經知道，開羅附近吉薩高原上的三座金字塔絕不是我們地球上建造的第一批金字塔，我想知道是什麼決定了這些巨大建築的建造，其科學性和精確性在今日是無可比擬的。

起初，有些圖片向我暗示，在地球上建造金字塔一度成為必要。因此，我在全球不同的地方看到了這種結構的碎片化開始，以及它們與宇宙空間之間的示意性連繫。我看到的是一些我無法理解的方向、符號和幾何形狀。

然後，按照邏輯順序，這些圖像顯示了具有爬蟲類特徵的外星生物構造。這是一個快速但複雜的呈現，從多個角度看有大量的資料和相鄰的符號，所有這些都是高度動態的全息圖。圖像的內容隨後發生了變化，向我展示了幾種類型的太空船的簡短而精確的快照，這些飛船一般都是細長的。然而，其中一種類型的不明飛行物具有文獻中呈現的ＵＦＯ

圓形經典形狀。

接著全息圖「分裂」了，爬蟲類的圖像出現在全息圖的左下角，其餘的部分被一個巨大的艦隊的圖像所填滿，類似於上面提到的那些，另外還有一些尺寸更大的。這些圖像非常動態，可以放大和縮小，取決於我想強調的想法。艦隊的位移與我們太陽系的圖像相連，我能辨認出來，特別是由於土星和木星上紅點的圖像。

在我看來，以這種簡單的方式，爬蟲類正帶著他們的宇宙艦隊向我們的太陽系移動。在視覺衝擊下所感受到的感覺和情感是可怕的，因為它不僅是一個簡單的視覺效果，而且與當時的狀態和各自的背景有關。面對威脅，來自銀河聯盟的最重要和最進化的外星文明，他們正在監督地球上人類的基因進化計畫，決定保衛我們的星球和他們迄今所做的項目。我驚訝地從這些影像的合成中發現，即使在這種激進的行動中，對我們星球上的「實驗室」負有責任的先進外星文明，也以這樣的方式行事，使人類能夠繼續進化，即使在這種條件下。為此，最初的天狼星決定在地球上引進一種先進的科技，以對抗爬蟲類的攻擊。

金字塔是宇宙中有益能量的巨大共振器

正如我親眼所見，那些我在全息螢幕上跟蹤合成的事件，大約發生在十萬至十萬八千年前。當時，E－N－L生命正處於全盛時期，因此，由於E－N－L分支已經有了精細的意識和理解水平，因此更容易獲得天狼星科技和曾經生活在地球上的先進外星文明。大共振器的科技指的是在全球各地建造巨大的建築物，這些建築物被設計成「微妙的高能量」前燈，通過與這些能量的共振，能夠逐漸誘導人類DNA的重要變化。當時，我理解並欣賞這個想法，但後來我問自己。「為什麼天狼星，甚至是他們與其他先進的外星文明結成的聯盟，沒有『禁止』地球上甚至銀河系中的爬蟲人去做邪惡的事情呢？」我想這對他們來說不會太困難。接下來在一組非常巧妙的影像中，我意識到儘管邪惡的爬蟲類的參與是可怕的，但他們在所有這些事件中所扮演的角色是為了一個全球性的目的。因此，我從中證明，他們的干預實際上是必要的，因為它最終導致了人類DNA的「專門設計」，它與物質層如此緊密相連，它提供了將大量的生命從星光層化身到這個層面的可能性，否則所有的人就不會有必要的設施出生到更高層次的物質身體。

因此，我明白，創造具有非常複雜的DNA人類計畫包含了考慮為星光層中的某些靈魂創造更大的進化可能性。通過轉世，他們需要理解經驗的意義，並根據個人業力將其付諸實現。這只能通過投生到具有非常「專門化」頻率的物質身體中來完成，這些頻率非常「具體」，因為這些靈魂由於自身的業力限制而不能以其他方式出生。因此，只有當他們出生在一個非常「具體」的身體裡時，他們才能繼續他們的進化，這個身體會給他們機會經歷某些生存危機的情況，從而使他們明白需要糾正他們的生存方式。

人類DNA在發展和進化的許多不同分支和方向上是非常「專門化」和「分離」的，這一事實也促成了來自星光層的靈魂和實體多樣性的誕生，所有這些都對應於廣泛的振動頻率，這就是為什麼人類開始以這種頻率和趨勢的「多彩粉絲」出現，這使得它被稱為「苗圃」。

另一方面，爬蟲族不能控制地球上的所有人口，而只能控制那些與它們產生共鳴的生物，它們的DNA中至少在某種程度上，有爬蟲族特有的影響力和能量。其中一些影響更為嚴厲，各自的眾生都成了他們的助手。其他的影響則不那麼嚴厲，但伴隨著為這些生物的完全從屬地位而進行的激烈鬥爭。事實上，爬蟲類想要壓制其餘的種群，從而征服整個地球。他們擁有相當先進的科技水準，因此創造了一個「低頻率的精神網路」，作為一種籠子，可以在一定程度上影響那些甚至與他們沒有共鳴的生物。這在今天仍然是正確的，但有一些修改。通過允許引入偉大的共振器科技，即地球上的巨大建築，聯盟給人類帶來了新的動力和具體的幫助，使人類能夠進化並將這些建築用於防禦目的。偉大的共振器，絕大多數為金字塔和金字形神塔，我們今天仍然可以在地球上精確排列的地區欣賞到它們。這些非凡建築的完成也是對人類的精神未來一個額外的推動，因為在香巴拉撤退和亞特蘭提斯沉沒之後，地球表面必須有中心，在某種程度上支持過去的光和精神。

然而，即使在那時，金字塔還是在人類更古老的時期建造的，主要是因為需要與「神」保持密切連繫，也就是說，與在地球人類 DNA 進化中起決定性作用的外星文明保持密切連繫。在如此巨大的建築中，這是可能的，因為在現實中，金字塔是非常強大的心電感應的微妙能量和資訊的傳遞者。

第二，在那個時代，金字塔的建造是必要的，因為金字塔不斷地創造人類微妙的情感能量。這是非常有幫助的，特別是在那個古老的背景下，由於邪惡的爬蟲族的不利影響，緊張局勢和戰爭已經達到了很高的水平。因此，人類的集合和他們特定的精神領域必須得到維持，並有助於進一步進化，這就是為什麼實現這一目標的主要方法之一是引進技術和知識來建造金字塔，金字塔是宇宙中有益能量的巨大共振器。

金字塔的神祕作用，不同地區建造的金字塔反映了其中一個外星文明的風格

在數萬年的時間裡，建造金字塔的目的沒有改變，因此，即使在離我們更近的時代，也就是亞特蘭提斯淪陷後，金字塔仍然發揮著同樣的根本作用。此外，我也從中證實，那些時代的大祭司和法老知道，金字塔的巨大能量可以被用來促進他們精微身體的有意識乙太或星光體旅行，穿越銀河系中非常遙遠的距離，到達他們崇拜的「神」那種。

然而，這樣的巨石建築不僅僅是一堆石頭，不管它們的排列多麼複雜。

「偉大的共振器」的名字是有道理的，因為在它們裡面有一些房間，房間的顏色設計非常複雜，排列著各種各樣的設備，主要是基於水晶技術。在照片中，我盡可能「雄辯地」看到了這些房間的內部情況，它們實際上是控制室，有時位於金字塔的頂部或底部。

金字塔以其特有的形狀，是非常強大的精微能量放大器，因此由其內部複雜的裝置和水晶發射的精微能量被極大地放大，並傳送到太空中一個明確的目標。另一方面，金字塔也有支持周圍大面積有益頻率的作用，這樣人類就不會在外部敵對因素的影響下衰退。

在加強有益的外星文明聯盟並允許天狼星將這項科技引入地球之後，大金字塔的建造開始了。作為聯盟的一部分，在我們的星球上擁有一塊領土，它們實現了一個連貫的、相互關聯的計畫，來建造這些建築，尊重地球微妙的能量影響。這包括其磁通量的重要交叉

區域，以及與銀河系某些區域的對應關係。這些巨石建造不是隨機進行的，而是在地球表面的某些精確點進行。儘管金字塔的總體形狀是一樣的，但它們仍然有自己的特點，所有這些都取決於它們建造的地區、該地區人類ＤＮＡ的性質，以及被認為是該地區「統治者」的外星文明的特殊性。例如，我看到亞特蘭提斯的金字塔非常複雜，因為它們包含了一些外星文明的知識和風格。

後來，在這個偉大的大陸沉沒後，在全球不同地區建造的金字塔只反映了其中一個外星文明的風格。例如，吉薩高原上的三座金字塔是天狼星A系統中的原始天狼星所特有的，儘管事實上，它們是通過從最初的天狼星文明派生出來並位於獵戶座腰帶的天狼星文明的參與而在物理層面上建造的。

中美洲的金字塔中那些階梯狀的，也有獵戶座帶天狼星文明的直接印記。然而，由於爬蟲族和其信徒的干預，這裡的事情就有點複雜了。我看到阿茲特克人經歷了一連串的階段。首先，有一個初始階段，他們的共振是「健康」和純粹的；然後，第二個階段，他們被「小灰人」邪惡的影響所「改變」，小灰人是以前被爬蟲族文明接管的退化文明。這使得金字塔的實際目的變成了致力於邪惡。

另一方面，印度的寺廟，規模稍小，儘管它們的底部更窄，頂部更「緊縮」，但與金字塔相似，也有昴宿者的血統。據我所知，它們的構造中的許多細節、鑲嵌和圓角都代表了昴宿星文明的一些特殊特徵。我在全息投影中看到的昴宿星人的飛船也有這種特徵。

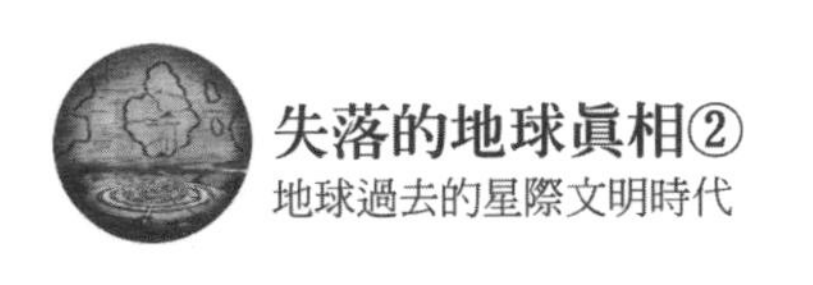

大金字塔的建造，來自於它在微妙乙太層面上的更高設計

看著全息螢幕上提供給我的對比分析，我渴望看到一個巨大的金字塔是如何構思和建造的，以及實現這樣一個建築所採用的特殊科技解決方案。顯然，我沒有想到會在一塊用尺、指南針和鉛筆設計的木板上看到這樣的圖案，甚至也沒有想到會在使用各種專門程式的電腦螢幕上看到這種情況。

然而，我對構思和設計這個項目的過程充滿了熱情，特別是從外星文明的先進科技的角度來看，因為我沒有想像到如此宏大和令人難以置信的複雜項目，比如設計一個大金字塔，這是一件很平常也很容易做到的事。事實證明了這一點，儘管科學家和工程師擁有當今的知識水準和科技可能性，但他們無法設計和建造如此巨大的建築。設計的困難，特別是具體的物質化，似乎是他們無法克服的。

一旦我表達了這個願望，綜合分析的路線就中斷了，我看到了埃及南部的地圖。接著畫面突然變了，我看到一個由六個人組成的小組，其中四個是外星人，兩個是地球人，聚集在一個大房間裡，可能是在一艘船上。我知道四個外星生物中有三個是天狼星人，我從他們超過兩公尺半的高大身材、白肉色的皮膚和向後方略微延伸的頭骨認出他們。第四個外星生物屬於一個我不知道的種族，有著非常白的皮膚，銀色的頭髮和紫色的眼睛。正如我心電感應所感知到的，這兩個地球人來自亞特蘭提斯。每個人都站在大廳中央一個巨大的藍色全息圖周圍，它看起來像一個金字塔。全息圖被「乳白色」的光所覆蓋，金字塔的邊緣謹慎地閃爍著白色的光芒。

在那個房間裡的每個生命都用手在全息圖內移動，修改或增加元素。同時，我在影像的邊緣看到了很多資訊：符號、形狀和連續的表述，它們不斷地移動和變化。一切都是動態的、活躍的，充滿意義和連貫性。我毫無疑問地感覺到，我所看到的，作為一個大金字塔設計的綜合體，是一個基於非常深入的宇宙法則及原理的工作，只在外部裝置與物理結構的計算有關。我很快就明白了，這些計算直接來自金字塔的微妙結構，這就是為什麼它們是完美的：因為這座塔樓的建造並不局限於它的物理元素，即石塊，而是由微妙的能量元素和正確整合到一個更大的宇宙結構指導。

如果我們從原則上考慮，這些結論是非常重要的，因為它們向我們展示了科學家們想要理解金字塔奧秘時所依賴的錯誤基礎。除此之外，很難假設和相信，人們從新石器時代，約四千五百年前每一位埃及古物學家，設計、制定計畫、協調，然後完成了這樣巨大的建築建設。然而，即使借助先進的電腦和現代建築技術，今日的工程師和當代物理學家也無法做到這一點。

他們還不明白一個事實，即在創造方面處理事物有一種明確的敏銳度，事物總是自上而下的領域或參考點。在物理層面上的計算、結果和量測，這有助於建造金字塔，自然地來自於它在微妙乙太層面上的更高設計，因為我在全息圖的影像中看到的合成實際上是從乙太層面開始的金字塔設計。所以它不僅僅是一個簡單的全息圖，而是通過一種我現在還不理解的科技，它允許金字塔的視覺和它的設計直接進入乙太層。

在這一階段，金字塔獲得了意義和「內在力量」，但它還沒有與物理層面相連繫。所有從這個平面的計算和結果都只是乙太層結構設計的自然結果。也許這就是為什麼當代建築師和工程師還沒有像建造一個大金字塔這樣的先進工程的知識。在這種複雜程度下，只有強度和結構的計算是足夠的，但必須有一個與深層能量基礎的關聯，賦予工程穩定性和耐久性。因此，需要一種微妙的乙太性質的解決方案作為出發點，得以在物理層面上產生具體的解決方案。

目前處於初級階段的科學，建造的微妙因素之差異，尚未被大眾正式接受

從呈現給我的影像中，我意識到這樣一個項目是從一種「星象學」開始的；也就是說，從金字塔所在位置參照點的某個恆星構型，到對先進的外星文明所具有的宇宙法則的高度意識和理解，金字塔的建造問題被建立了起來。

在先進的外星文明所具有的宇宙規律的高度意識和理解中，建造宏偉建築的問題意味著一種不同的方法，這種方法比我們在地球上所習慣的方法要深刻和複雜得多，無論這些建築看起來多麼令人驚歎。

無論我們談論的是大型複雜的摩天大樓還是其他類型的建築，這些地球建築的最大問題在於它們的耐久性，而耐久性很小。假設它們不會受到天氣或自然界重大破壞性現象的影響，幾百年的抵抗力將是現代建築的記錄。然而，即使在這樣惡劣的天氣，有時是嚴酷的，金字塔在埃及已經存在了超過一萬年，其他的金字塔甚至更古老，接近偉大的共振器科技被引進的開始。我們地球上有什麼建築能夠說至少可以持續一千年？憑著所用建築材料的性質，它們極易腐爛。儘管它們是新的，看起來氣勢磅礴和美麗，而用於室內設計的科技似乎很複雜。但實際上，它們都相當淺薄，壽命很短。材料在時間上沒有耐久性，99％的科技是以電力為基礎的，而電力的來源隨時可能消失或中止。

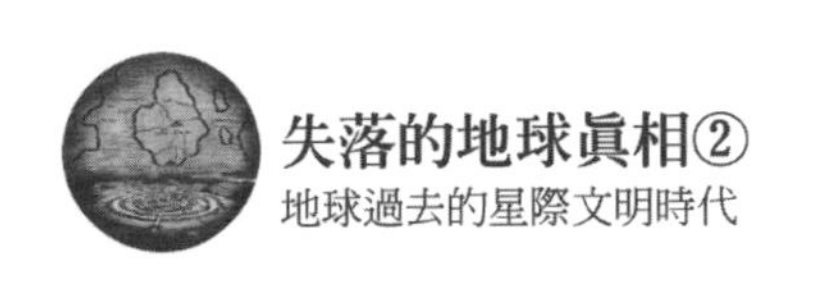

無論今天的科技看起來多麼驚人，它們都處於發展的早期階段，因為它們在概念和思想上還沒有通過初級階段。其中的大多數相互依賴，這削弱了他們背後的思想凝聚力。當代科學觀念的重大飛躍尚未實現；相反，在群眾的「大眾消費表」上，它還沒有被正式接受。

用鋼筋拉起骨架來做大型建築，並用不同的材料來絕緣，這是很容易的。但是，如果世界上最大的建築公司致力於設計和建立一個大型金字塔，只用石塊，如埃及的金字塔，它很可能在短短幾天內就會放棄這項工作。如果能有必要的技術，以一致的方式組裝這樣的建築，精確到公釐甚至幾分之一公釐的分數，與埃及大金字塔相似或相同，而不必談及設計或所涉及的工作，那就太好了。

但是，當代的建築師和工程師在不了解或不了解大金字塔的構造及其內部結構的情況下，如何設計和建造類似的巨像呢？而且，與亞特蘭提斯的大金字塔相比，埃及的金字塔在規模和複雜性上都相對較小。建築科學和工程科學在當代建築中的無能為力，是因為沒有更好地理解創造的微妙維度中的形式、能量共振和支撐意味著什麼。宏偉的建築，如大金字塔，意味著跨學科知識的積累，我指的不是建築、材料的阻力、裝置、室內設計等。

我想指出的是，真正的科學具有普遍性，除了定義它的定律、方程和規範外，還暗示了一種不同的知識，例如天體之間的微妙能量關係，它們的相互影響，以這種方式發展的共振隱藏意義，它們隨著時間的推移可以使用的方式，宇宙週期的深層科學，以及我從全息螢幕上呈現給我的片段中看到和理解的其他面向。

此外，在設計這種結構時，既要考慮確保其長期穩定性和耐用性的一般宏觀元素，又要考慮到因共振而突出的微觀元素，具體取決於建築發生的空間，與之接觸的生物種族的ＤＮＡ的一般共振，以及其他特定元素，例如該構造的目的。

因此，物理金字塔的構想與存在和圍繞它的現實的所有主要方面有關，但特別是與那些微妙的性質有關：ＤＮＡ的特定共振、心理狀態、地理位置，行星和恆星能量的影響，分配給該結構的目的，等等。

金字塔不僅是一個簡單的物質結構設計，分析星體連繫的配置

我看到那些人如何設計金字塔，首先是分析地球所在的銀河系區域的星圖。然後在幾顆恆星之間建立了各種連繫，以便找到某些組合，提供空間性質（通過相應配置的結構）和時間性質（同步的時間段及其精確的時間）的結果。

在巨大的全息圖中的每一次動作，或者在尋找一顆星的過程中，都會出現大量的資訊，這些資訊附著在邊緣。從我所看到的，我意識到金字塔有不同的類型，有不同的形狀，不同的角度，是鈍的還是尖的，包括四個或更多的面，有階梯的還是光滑的，當然，還有不同的用途。所有這些特徵都不是偶然的，而是與金字塔所要建造的「贊助」下的某種星體配置的宇宙能量影響相關聯。

正如我所說，金字塔不僅僅是一個簡單的物質結構，而是包含了一系列微妙的相關方面，每一個都有一定的振動頻率，與特定的地理區域和特定的心理精神狀態密切相關，等等。

在外星生物選擇了恆星構型之後，我看到了一個充滿能量的「雲」逐漸在該構型的中心區域形成，基於這些生物所創造或選擇的每一個新的構造元素，它變得愈來愈輪廓分明。然後我看到雲中央開始出現線條，這意味著一個精確而相當複雜的步驟。我很快意識

到，這就是金字塔的內部。

實現這種設計成為可能的科技是驚人的，該設計與其他元素，如恆星能量的湧入，非常精確地連繫在一起，令人驚歎。選擇恆星的構型，中間形成了一個複雜的形狀，代表了金字塔的內部。這個圖形結構的誕生僅僅是因為它與恆星構型中表現出來的能量共振相一致。比這更令人驚奇的是，觀察到任何石頭塊，任何角度的使用，任何空間的創造和任何尺寸的選擇，都與各自星體構型中的某些東西有絕對的直接連繫。沒有什麼是偶然的或無意識的。毫無疑問，一切都是由一種非同尋常的相互親和力來證明的，這種親和力體現在金字塔和星群之間，星群是在金字塔建造之初被選中的，並且具有精確的結構。

這是一個非常複雜的設計，完全在乙太層面上執行。正如我所說，它是從金字塔內部結構的層次開始的，金字塔逐漸出現在全息圖的中心。它以某種方式重疊在所選擇的星形配置上，通過許多資料和許多符號表明所有的對應區域。在它的中間，在星星排列的最重要的能量影響點，是金字塔的空間或主要房間。例如，在埃及的大金字塔中，該空間對應於國王的房間。然後它被傳遞到次要的房間、長廊和走廊，直到最後一個壁龕被這樣完成。

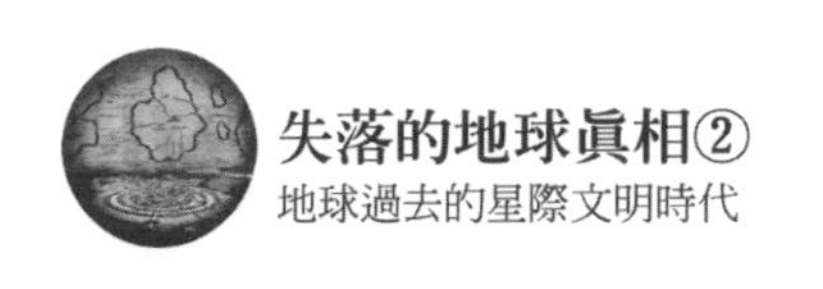

乙太平面設計和特定的恆星共振

在我所看到的全息影像中，金字塔的任何結構元素的出現，都是由該金字塔建立的特定恆星的配置所產生能量共振的結果。

例如，埃及吉薩高原上的三座金字塔，它們的尺寸，即使與我們星球的許多特定元素和特徵相協調——其設計的目的也是為了尊重對於實際建造時恆星配置的幾何結構相對應，以及與獵戶座腰帶三顆主要恆星尺寸的恆星配置相對應。[9]

即使是這個簡單的事實，也足以阻止研究人員對這三座金字塔建造的任何「科學」解釋的嘗試，因為：古埃及人怎麼知道腰帶上這三顆主恆星的直徑呢？這是不可能的，如果你限制自己自由地觀察這三顆恆星，根據科學家的假設，這顯然是埃及人當時唯一的可能性。[10]在這種情況下，他們之間顯然沒有區別。然而，這三座金字塔忠實地、成比例地尊

9 這一資訊與當代研究人員的研究不謀而合，例如羅伯特．鮑瓦爾在他的《獵戶座之謎》一書中無疑地表明，例如開羅附近的三座金字塔是獵戶座腰帶中恆星構型的忠實複製品。鮑瓦爾寫道：「金字塔的文字與金字塔本身有連繫，也就是說，文字告訴我們的是建築所證實的，我毫無疑問地證明了這一事實。」

10 這相當於西元前二五〇〇年，即埃及學家和現代科學為建造古薩金字塔而提出的時期。當時，三座金字塔與獵戶座腰帶主星的排列不再有效，但它確實對應於西元前一一五〇〇年。

重獵戶座腰帶上的三顆星星的尺寸[11]以及它們在腰帶中的相對位置。[12]通過這種方式，金字塔的每條線和每個區域都被全息地按比例詳細設計，並直接從乙太平面內設計。接著，我通過心電感應得到了這樣一個資訊，實際上，僅僅在物理層面上設計一個大金字塔是不可能的，或者說是註定要失敗的，因為它不能有效地解決和關聯該建築所需的大量資料，使其具有可行性和抵抗力。

從物理平面出發的計算和工程方法不允許按照一般的方法設計金字塔。用現有的公式、計算科技和知識，只能構造到一定的層面，超過這個層面的問題就無法解決。這是因為金字塔建造中包含的參數要多得多，而且不為當代的工程師和科學家所知。這就是為什麼，即使他們想開始設計和實施這樣一個巨大的建設，他們會達到技術甚至是概念上的不可能，使其無法進一步建造。

例如，許多科學家和當代工程師很難理解，金字塔實際上是非常重要的通訊中心，與恆星或人類航天器的特定能量相連，這些恆星或航天器被選擇形成某種構型，以實現某種目的，通常是銀河系性質的。

11 獵戶座腰帶上的三顆星是：阿爾尼塔克（Zeta）、阿爾尼拉姆（Epsilon）和明塔卡（Delta）。

12 羅伯特．鮑瓦爾在書中指出，埃及吉薩高原上的三座金字塔遵守獵戶座腰帶上恆星的位置，但他並沒有說它們忠實地按比例呈現了這三顆恆星的直徑。

這一點很重要，因為科技高度發達的文明的巨型母船往往具有行星規模，它們的任務有時非常持久，從幾年到數萬年甚至數十萬年不等。因此，金字塔的使用和我們現在使用的通訊中心完全一樣，這涉及到資訊的傳輸和接收。由於它們是宇宙星際傳送器，被設計用於在非常遠的距離上執行任務，它們也必須非常大和強大，這就是為什麼金字塔被用作微妙的心電感應傳送器。

歷經二十四年，以相當快的速度進行建造

當時，在今天三座大金字塔矗立的地區，沒有沙漠。基本上，撒哈拉當時並不存在。相反，在今天的沙漠裡，我看到了茂盛的植被和流入尼羅河的大河。

再加上頻率的「播放」，它被心電感應傳送給我，非常清楚地告訴我，在開羅附近建造建築群的整個行動，包括高原的準備，持續了大約24年。一開始，我有點驚訝，因為我想像，鑒於獵戶座天狼星的先進科技，建造三座金字塔應該花費更少的時間；但這無疑是我在對原因一無所知的情況下做出的簡單評估。此外，這項工作沒有持續進行，因為我看到有一段時間工地上沒有外星人和他們的飛船存在。後來，我對這三座金字塔的建造方式感到驚訝，我意識到這項工作實際上在這24年中以相當快的速度進行著；而且，在其他條件下，他們的建設可能會持續數百年，如果時間不是更長的話。

由於高原高低不平，覆蓋著泥土，工程一開始就做好了施工場地的準備。這些照片向我展示了該地區大規模的森林砍伐，並對地表進行了平整，以形成堅實的岩石高原。該地區有許多不同類型的船隻，它們在一定高度的空中靜止不動，都是按「層」或級別排列的。其中的一些人利用一種基於某種類型的「光束」的科技來整平這個地區。當我看到那次行動時，空氣似乎在經過某個區域的船下蕩漾，在它這樣做之後，一切都變得「扁平化」，不是因為猛烈的破壞，而是因為一種岩石液化和適當的吸收。

外星文明參與金字塔建設，複雜又精確的工程

當我看到這些非凡的影像時，我注意到了一個有趣的部分，那就是船的起源和外星生物之間的關係。在人類非常遙遠的過去的背景下，談論他們的「外星」成員有點不妥。這些飛船和它們的生命確實來自其他星球，但它們在我們的星球上相互聯繫了幾千年，並與人類生活在一起。

因此，他們來到地球不僅僅是為了在埃及建造三座大金字塔，他們的存在是久遠的，從亞特蘭提斯擁有巨人的經濟和精神力量並對其他大陸產生影響的時代開始，甚至更早。

在埃及，這三座金字塔主要是由天狼星A系統的主要天狼星文明後裔的外星文明建造的。除了他們的代表之外，我還看到了其他不同文明的船隻，這些船隻也為金字塔的建造做出了貢獻，或者在金字塔的某些階段參加了建造活動。總的來說，我總共看到了四種不同外星文明的參與，此外，還有智慧的亞特蘭提斯人的重要存在。

金字塔的建造是一項「團隊努力」，因為亞特蘭提斯人和他們的特殊船隻，與來自幾個文明的外星人合作，但是天狼星文明的主要影響隨之而來，正如我所說的，大金字塔以及其他兩座較小的金字塔都是以天狼星風格建造的。

在現場和周圍，我看到了一大群組織得非常好、非常精確的航空母艦。每艘船都「知

道」該做什麼，一切似乎都經過了完美的計算和管理。然而，地球上只有極少數的亞特蘭提斯和外星生物。在建築區周圍相當遠的地方，我可以看到一些當地人，是E－N－K分支，相當原始的人類，他們只是在看工地上的活動。在隨後的一些圖片中，我能夠看到一些當地人在工地內進行簡單的活動。

我非常好奇地想看看金字塔的真實建造方式，而不是在假設和臆斷之間做進一步的解釋。從一開始，我就明白這飛船是亞特蘭提斯和基於水晶能量的外星科技的獨家作品。這甚至不是一個當地人是否能為建造金字塔做些什麼或有任何主動權的問題。就距離而言，這種隱喻的可能性類似於我們的太陽和天狼星之間的距離。據我所見，當地人是來自一個較低分支的E－N－K生物，有著原始的生活水平。由於他們的生活和知識水平還很初級，這樣的工作對他們來說，實現任何階段都是絕對不可能的。

我瞬間想起了當代工程師、考古學家和埃及古物學家的觀點，他們似乎對古埃及人的「技術」敏銳度很有信心，即：鑿子、錘子、繩索、滑輪、原木和一些銅片。在他們看來，這些是在吉薩高原上建造巨大而複雜的金字塔的主要工具。

在我所看到的影像中，我甚至沒有看到這些工具中的任何一個，但即使當地人有無數這樣的物品，它們也沒有任何用處。我懷疑那些E－N－K人能在構成三座金字塔的數百萬石塊中切割和雕刻至少一塊，我也不知道他們怎麼能把它們運到如此遙遠的地方，然後

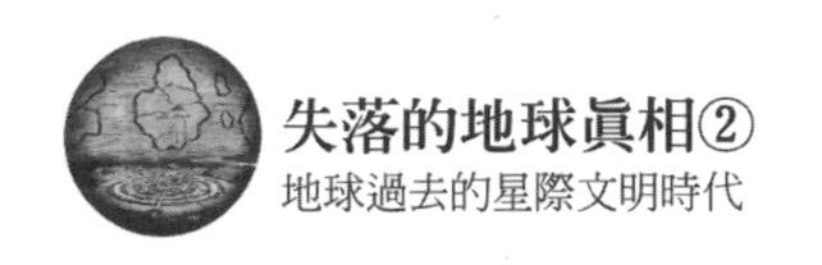

把它們組裝成一個極其複雜的組織，精確到毫米。更不用說建築設計及令人驚歎的工程解決方案，也不用說石塊的尺寸和重量或其他許多面向了。

不過，我確實在遺址內的某個地方看到了一些當地人的照片，他們在儲藏區的一些石塊上移動並進行簡單的操作，他們有一些工具，操縱著一些細金屬條或用稻草捆畫出彩色的標誌。接著我收到消息，這些當地人被高原上一些高個子的人用心電感應的方式引導著，他們穿著銀白色的衣服，在建築工地的不同地點之間緩慢地行走。

吉薩高原三大金字塔的建造，高於當前科技發展水準

除了這些一般因素之外，我首先關注的是金字塔的設計。這方面，直到今天還不能完全理解，這歸功於接近原始的生物有效地舉起巨大的石柱。在呈現給我的全息影像中，看到這些工程異常複雜，我被當代研究人員和著名埃及學家對開羅附近金字塔建築如何建立的「現代版本」所缺乏的判斷力甚至是邏輯性所震驚。

我一遍又一遍地重複這些事情，正是因為我希望引起人們注意那些以「有能力的」意見的形式存在的不合邏輯的東西，但真正令人悲哀的是，人們認為所有這些「學術解決方案」

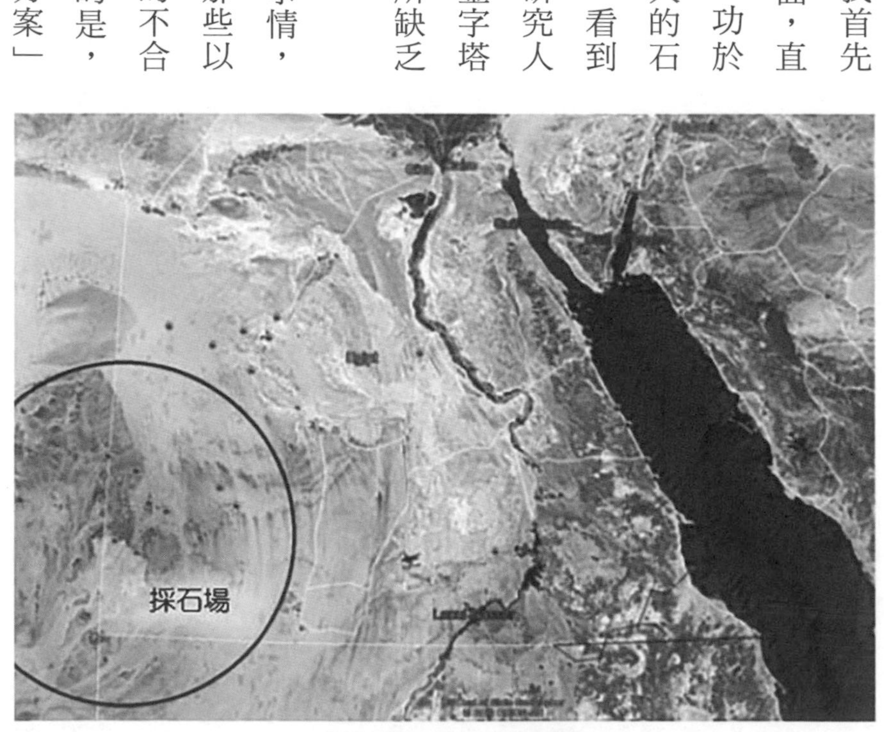

採石場的大致位置

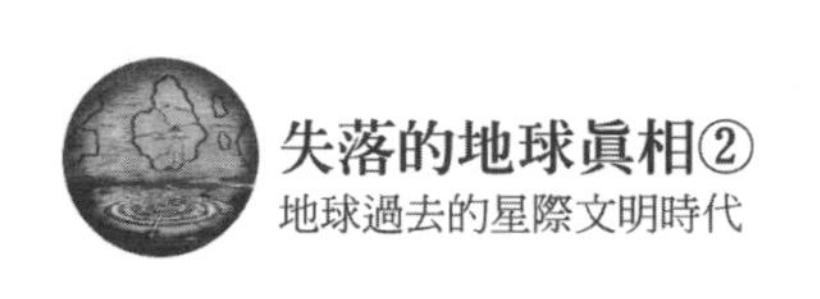

都是真的。然而，它們只是表現出巨大的科學自豪感，無法理解和接受比當前科技發展水準更高的東西。除此之外，還對群眾進行了可悲的灌輸，使他們不知道真相，從而給追求進步和自由的渴望插上了看不見的翅膀。

至於三座金字塔的實際建造，我首先看到的是石塊的切割方式。換句話說，我們看到了提供三座大金字塔建築材料的採石場。出乎意料的是，它不是在今天的埃及境內，而是在更南邊，在今天的利比亞境內，離其邊界不遠。

接著，影像聚焦在圓柱形裝置上，這些裝置在建築區域的不同位置粘在地上。它們類似我們在40萬年前看到的那些波斯海灣的照片，這些照片被天狼星人用來「鑽探」。我不清楚他們在採石場中扮演了什麼角色，但是，我仍然看到了從這些圓柱體中射出的類似雷射的光線，與無聲地漂浮在岩石上方的「建築船」的「雷射」之間的相關性。這是一艘大船，它有些不規則的外觀給人留下了深刻的印象，事實上，它給我的印象是一艘「建築船」，因為它的兩側有許多附件。我看到它負責採石場石塊的垂直分割，因為石頭是從山頂垂直開採的。船總是在山上另一個地方的上方，由自己的「雷射」引導；然後，通過較粗的亮白色光線，沿上表面的四個側面垂直切割山石。於是，石塊的形狀就產生了，之後，母船前往採石場另一個區域，對另一塊石塊進行切割。

在山上劃出一塊石頭後，一艘運輸船從上面駛來，把它的運動與一個類似自動無人機的球形裝置連結起來。它從空中來到在山上切割的石塊附近，借助它發射的「雷射」束，在石塊體的頂部和底部切割，使其被「捕獲」，並通過一個特殊的力場上升到運輸船上。然而，在此之前，我看到無人機在石塊上「刻字」，總是在右下角。代碼沒有雕刻或繪畫，但我了解到，它所刻的區域是以一種能量的方式被啟動的，以至於石頭的成分在該區域被改變。它在那裡變得愈來更有規整，好像一塊晶瑩剔透的水晶。此「程式碼」是一個長方形，上面印著幾條線和幾格方塊，就像現在的電子簽名一樣。當一束光線照射到它時，它會發光，就像一種專門的「閱讀器」。

運輸船是長方形的，每個都有兩個對稱排列的半球，很可能會產生一個吸引場來支撐下面的石塊。正如我所說，當一艘飛船到達山上的一塊切割石塊時，它被截斷在下面，於是被「困」在飛船發出的特定能量場中。我清楚地看到了這個過程，因為一束漫射的白光從「覆蓋」石頭的兩個半球體射出。它幾乎立刻就開始漂浮起來，一直上升到船底，離那兩個半球不遠。隨後，這艘船在空中「高速公路」上疾駛，將石塊運送到現場。

如果石塊的尺寸相對較小，一艘船將在一條道路上運送兩個這樣的石塊；但如果石塊更大，只會運送一塊。對於非常大的塊體或特殊形狀的塊體，我看到它們在從山上切割下來之後，被運送到鄰近地區，在那裡被精心加工，被幾個移動設備帶到所需的尺寸，這些移動設備似乎是自動引導的。

在採石場上空相當高的地方有一艘更大的船，我估計它的直徑至少有120公尺。接著我收到了一個心電感應，知道它的角色是監督和指導工作項目。我可以看到一排排的小型運輸船，它們載著中型石塊駛向採石場，駛離採石場。這些船隻和「無人機」的精確性和動態性是可圈可點的。它們似乎是一臺巨大的電腦在命令著每一項操作，包括飛船的飛行和操縱，以及石塊的切割和提升。我也通過心電感應瞭解到，這總是發生在精確的科學上。當這些石塊被切割時，已經知道了它們在大金字塔的建造過程中確切位置。切割的砌塊總是那些等待被放在已建立順序中的砌塊，但正如我注意到的，完整的「最終修整」發生在施工現場。

石塊存放區和金字塔施工現場

我看到了兩個主要方面：石塊的儲存和實際的建設。這些石塊是按一定的順序被採取的，絕非偶然。我可以說，沒有一塊石頭和其他任何一塊石頭相同，每個石塊在金字塔的建造中都有其特定的整合。例如，我沒有看到成堆的石塊。當然，地面上有石塊，但不是成堆的，現有的石塊立即被拿走，並融入到極其費力的金字塔建設中。

亞特蘭提斯與外星人的合作

在地表上，我看見一個高大的亞特蘭提斯人，穿著白色衣服，像個祭司，他監督著整個施工情況。我說不出我是怎麼知道那個高個子男人是亞特蘭提斯人的，但是這個資訊在我的腦海裡是準確的。我在倉庫裡看到了兩個外星天狼星生物，我認出了他們，因為他們的皮膚是白色的，他們的頭朝後拉長，他們藍色套裝上有金色的標誌。

這三個人似乎在協調一般的工作，但我看到現場周圍有其他人，大約十個人，在執行不同的任務。其中兩個也是亞特蘭提斯人。

我的注意力被當中的三個人所吸引，他們比其他的人更高——我估計他們有二公尺半高——他們穿著某種白銀色略帶半透明的顏色組合，在背後流淌著斗篷般的風采。在高原上是各種種族的混合體，有些生物頭上有頭髮，有些則沒有，而有些人的皮膚比較黑，甚至是棕色，但大多數人都是白人。

亞特蘭提斯祭司和兩個領導一般工作的天狼星人手中有一個類似於一塊大平板的監視器，將所需的各種行動關聯起來。一切正在施工的東西都是由船舶在懸浮狀態下製造的。我只能聽到輕微的聲音，像嗡嗡聲，但這可能是由於飛船在空中的移動，因為天空充滿了它們的存在。

我意識到那些生物，尤其是那些穿著白色和銀色套裝的高個子生物，要麼與我看不見的總指揮中心，要麼與協調船隻運動的中央「大腦」保持著永久的心電感應連繫。亞特蘭提斯的祭司在他右邊的太陽穴裡有一個裝置，看起來像是粘在他藍白色的長髮上。它可以與今天的藍牙相媲美，只是它更大，更細長。

那裡的每一個人和每一艘船都知道該做什麼，每一件事都以非凡的精確和完美運轉著。所有行動的時機和相互關係確實令人印象深刻。此外，鑒於這種建設的規模和複雜性，我不知道這項活動怎麼會如此有效。即便如此，正如我所說，整個建築群的建設持續了二十多年。

值得一提的一個重要事實是，我沒有注意到小型運輸船上有領航員。這些是相當簡單的船，長方形，但沒有船員，類似於今天的無人機。我的結論是，所有的事情都是由一個總指揮中心進行關聯和指導的。

先進科技，金字塔是活的有機體且完美符合宇宙元素

接著，我清楚地看到了各個石塊是如何「進來」的，並被完美地組裝在預定的位置上。這個過程完全是基於科技的。我看到地上有圓柱形的裝置，像煙霧繚繞的黑柱子。它們與採石場的相似，但高度更高，每只高約五英尺。每個蘑菇的頂部都有一個半球，這使得它們在某種程度上類似於高大的蘑菇。據我所知，這些圓柱形裝置被安排在特定的路徑和特定的點上，以某種方式成對排列，形成一種「走廊」，當一塊石頭被移動並嵌入金字塔的主體時，高原上的兩個人在這樣一個圓柱體前移動。僅僅用一個手勢，很可能觸發了一個內部命令，所討論的圓柱體頂部的球體開始不知不覺地振動，同時發出一種特定的、不干擾的高頻聲音。一道類似雷射的光線從半球射出，與另一個圓柱體發射的半徑相交。然後，兩個「雷射」掃描了大量的石頭塊，準確地識別了需要按照建造順序放置在金字塔組件中的程式碼塊。

我不知道這項科技是基於什麼，但我可以看到，石塊實際上上升在空中，懸浮起來，然後通過一排圓柱走向金字塔。在那裡，它們被精確地驅動到它的某個區域，在空中旋轉，直到它們到達可以完美結合的位置。我還看到地面上的一些人每次都在檢查這些行動是如何進行的，速度精確地保持著。他們從不說話，但我覺得他們之間總是有心電感應資

訊的交流，將工作的不同階段連繫起來。

它從大金字塔開始，我注意到建築的發展不僅僅是單方面的，而是在幾個地區進行的。正如我所說，這些石塊被精確地按照預定的順序運送及放置，在建造過程中創造了一種「活的有機體」的感覺。儘管這是一個很難理解的概念，但當這些影像呈現給我時，我的感覺就是這樣的，因為正如我所說，阿佩洛斯的全息科技不僅在視覺上促進了對那些時代的感知，而且在某種程度上促進了心理和精神上的感知。

因此，我明白，在這種結構中，每一件事物都有明確的含義，每一塊石頭都有著直接的含義和與某種宇宙影響的關聯，沒有什麼是偶然的。如果不是這樣的話，那些宏偉的建築怎麼能在一萬三千多年後依然「屹立」呢？按照金字塔的建造方式，從構思到實際建造，我再次意識到，人類目前對支配生命和宇宙的規律的理解與地球上古老的先進文明或守護我們的外星文明之間存在著巨大的差距。

例如，我感覺到金字塔的每一部分和它的集體之間都有一種「共生關係」。絕對地，石頭塊的每一個細節都與某種宇宙元素相關，這有利於重要的能量流向金字塔的連續性，總是與各自的星體構型有關。

例如，我看到了一個確切的時刻，他們沿著一條精確的線切割了一塊石頭的某一面，然後把焦點完全集中在金字塔的一個邊緣上，為了這個目的，我們稱之為以獵戶座恆星為目標的角度切割的線的方向。這張照片隨即呈現給我，在右上角的一個單獨的象限裡，那顆恆星所屬的宇宙扇區。同樣的構造原理涉及到石塊複雜的幾何排列，它們之間的角度與星體運動和重要的宇宙構型相關，所有這些都與金字塔群中的所有石塊在細節上相對應。金字塔的最終形態是經過完美打磨的，就像非常珍貴的藝術品一樣。

對於當代科學來說，這些超出嚴格物質框架的部分是毫無意義的，因為科學家們不理解它們的意義。事實上，這就是為什麼它還沒有走出「機械時代」的主要原因，同樣有些原始的想法和能量永久持續著。然而，確實也有一個非常高級別的世界精英，他們已經而且將繼續獲得許多外星知識以及互補的連繫。這些精英們擁有驚人的科技，他們將這些科技用於個人利益，甚至在一個令人印象深刻的規模上，但我不會在這裡闡述這個話題。

開羅附近吉薩高原上的三座主要金字塔都是同時建造的，但第一批作品是針對大金字塔的。緊接著，其他兩座金字塔開始建造。正如我所說，這是一項具有里程碑意義和深遠意義的工作，持續了大約24年。再往南走，在三座大金字塔建成後不久，人們修建了一些小金字塔和一些寺廟，但它們都是同一總體工程的一部分。我證實到，他們忠實地尊重與宇宙中恆星排列的對應關係，這是被選擇來積極地影響這個微妙的建築群。

從我看到的情況來看，我看到了大金字塔的建造階段，金字塔的底部和棱角已經稍稍抬高了。在裡面的中間，我注意到一個更大的活動。這是一個特殊的運動，是另一種活動，因為它在某種程度上代表了金字塔的「開端」；也就是說，它的基本結構是賦予它「生命」並使之有效。

如果說外面的石塊比較簡單，有些相似，那麼裡面的東西就不一樣了，需要大量的關注和精雕細琢，使建築極其複雜。這些積木與外面的有很大的不同，儘管它們被組裝後，看起來只是簡單的長方形。事實上，他們有不同的形狀和非常精確的角度，以便它們能夠完美地相互配合。那裡的每一塊石頭幾乎都是獨一無二的。

然後我看到，在大金字塔內部的一些區域，使用了另一種材料，不同於從那個大採石場採集的石頭。這些塊的一致性是不同的。其中一些是黑色的、有光澤的，而另一些帶有紅色嵌件的則非常拋光，它們都以許多不同的角度切割，形狀複雜。作為一個獨特的元素，我注意到在國王的房間的下方有一個圓形的結構，其周圍的「射線」看起來像是一個齒輪。這個零件是一個非常複雜的組合。我覺得這個神秘的形狀，就像一顆有許多光線的恆星，當代研究者完全不知道它的存在，它起著非常重要的作用，但我卻不明白。沒有人會想到，在大金字塔的王宮和皇后宮之間，只有一小塊巨大的石頭，但我清楚地看到，這是錯誤的，無論是那個地區還是大金字塔中的許多其他地區，實際上都充滿了隧道、小房間甚至更大的房間。

三座大金字塔的最後一面

在建造的最後階段，金字塔的外表非常光滑，與我們今天看到的完全不同。它們在陽光下閃耀著耀眼的光芒，但我馬上意識到，這種光芒不僅來自於覆蓋在金字塔表面的白色石頭的光芒，而且還來自於一種特殊的物質。

三座金字塔的雄偉也可以在夜晚欣賞，這是一個完美的景觀，就像來自另一個世界一樣。起初，只有大金字塔被照亮，但在隨後的影像中，我看到所有三座金字塔都散發出一種神光，伴隨著整個建築群周圍其他次要建築發出的不太強烈的光。這些壯麗的影像從一定高度向我展示了整個建築群，三座金字塔就像真正的「宇宙大燈」。在每個金字塔的頂端，我都看到了一塊水晶，但大金字塔上的那塊水晶是巨大的，像一座方尖碑，光線最亮。因此，與科學的假設和「計算」相反，除了位於大金字塔頂部的巨大水晶之外，沒有任何其他形式的物體，它履行了強大的宇宙中繼器的功能，用於接收和傳輸資訊。

接著，我看到一張靠近大金字塔表面的影像，看到它的亮度主要是由於覆蓋整個金字塔的一層有點透明、有點磷光的薄膜。如果我要做一個比較，我會說，這種物質類似於一種透明的「凝膠」，閃閃發光。它不是漫射的亮度，而是反射光線的東西，所以當你看金字塔時，一般的印象是由這種物質構成的。更重要的是，它的結構變得有些半透明，讓人可以看到裡面的東西。這些石頭根本沒有被觀察到，但所有的東西都被完美地拋光，並被這種特殊的物質所覆蓋。然而，在幾千年之後，正如我在呈現的圖片中所看到的那樣，物質已經失去了它的品質，甚至開始從金字塔的某些區域消失。例如，大約西元前五二〇〇—四八〇〇年，據我所知，只有大金字塔頂部的區域保存著這種神奇物質的痕跡。然而，水晶仍然在建築物的頂部。除此之外，金字塔已經變得無光澤，令我非常驚訝的是，它大約有一半被埋在沙子裡。另外兩座較小的金字塔被沙子覆蓋得更厲害。我們還可以看到，隨著時間的推移和天氣的變化，金字塔的表面開始被「侵蝕」，因為外面的許多地方都在加固石塊。然而，它建造至今已有近六千年的歷史。

大金字塔內部的秘密結構和儀式，神秘元素和高等學識

我對金字塔半埋在沙子裡的事實很感興趣，我想看看與這種顛覆性轉變有關的其他元素。畫面發生了變化，從一個更大的角度向我展示了一幅景象，然後，我看到的不是建造建築群時該地區存在的豐富的植被和水，而是無處不在的沙漠。氣候變化一定很可怕，而且相當迅速，但我從心電感應上理解，它主要是由某些外星派系之間的短暫但相當激烈的戰爭所決定的。

隨後，我看到了圍繞金字塔建築群建造的法老宮殿和寺廟的「較新」影像，該地區大量存在的埃及人口明顯增長和演變。我又看到了埋在沙子裡的大金字塔，但影像不知怎的穿透了金字塔內部，穿透了它的牆壁，所以我可以同時看到裡面和外面。在它的內部空間，通過在金字塔的物理結構中尚未被發現的走廊和房間，我看到更多的人做著不同的工作，甚至以一種我無法立即理解的方式，通過移動內部的一些石塊獲得通道，進入金字塔的某些隱藏區域。不出所料，正如我堅持的那樣，畫面發生了變化，向我展示了三個埃及人，他們在穿衣打扮之後，似乎是高級別的，很可能是祭司。他們在一個相當大的畫廊，但不在大金字塔畫廊。

我沒有看到他們是如何到達那裡的，但我看到老祭司是如何在某個時候在一塊石頭附

近停下來的。他左手拿著一個支架，上面有一個小球體，閃耀著明亮的黃光。我看到祭司用一種特殊的語調發出一連串的聲音，這種語調是經過調整的，很有力度。我注意到產生的聲音被金字塔的結構「吞沒」，而不是從牆壁上反射出來。當祭司發出這些咒語時，我意識到必須達到某個頻率才能觸發某個過程。

過了幾秒鐘，當他還在發出聲音的時候，另外兩個級別較低的祭司用手輕輕地從地板上推了一塊石頭，然後又推了一塊在祭司上方的石頭。兩塊石頭皆不費力地旋轉了一個大約四十五度的角度。三個祭司隨後進入一個相當大的房間。

這張圖片展示了金字塔的動態和整體視圖，我們在其中看到了許多目前還不為人所知的金字塔結構。還有許多其他隱藏的房間和走廊，甚至沒有被研究人員懷疑；不過，最近通過某種科技的改進發現了其中一些問題，但這還不夠，因為數據仍然太難以捉摸。

然而，從呈現給我的情況來看，我可以說事情並不像科學家所想的那樣出現。例如，所有這些在金字塔中的眾多房間、長廊和空間都沒有儲存物品的主要目的；雖然，在其中一些房間裡，正如我們在大金字塔內部結構的那個非凡的概述中看到的那樣，有一些物品中一些甚至是令人驚訝的，但其他空間是空的。

因此，某些祭司和入會者可以使用一些「鑰匙」進入大金字塔的秘密空間。這也發生在我們看到金字塔內有許多人，他們大多是工人。通過心電感應，我了解到這些人正在從事修復和維護金字塔的行動，可能是由於戰後記錄的破壞。與此同時，我可以看到外面有大量的工作要把金字塔從包圍它的沙子中解放出來。事實上，這項工作是由當地埃及人完成的，可能是按照那個時期的法老的命令，他非常清楚金字塔代表了「神」的遺產，他們必須受到最大的尊重。

然而，從影像中，作為一種微妙的傳遞，我感覺到這些宏偉的建築不再像它們在建築後的第一階段那樣傳遞同樣的資訊和能量；也就是說，在這個時候，它們產生了巨大而深刻的變革效果。彷彿有一種「遺忘的浪潮」抓住了那些只把金字塔看作實物的人的頭腦，它們的宏偉非凡，但欣賞它們的理解力卻有限。不知何故，隨著時間的推移，他們已經失去了理解金字塔真正代表什麼的能力，不再感受到他們微妙非凡的能量影響。他們的能量結構和意識水準已經「硬化」，不再允許他們理解神秘元素和高等學識，從而達到「共鳴」。

第14章 人面獅身像的眞實建造位置及神秘的隱藏作用

我在幾張照片中看到了大金字塔國王的密室裡是如何進行灌頂的。雖然我沒有完全理解它，但我認爲這是爲了促進生命的「星光體化」，或者是爲了在身體中引起某些生化的轉變，這些轉變是星光體有意識地脫離物質身體所必需的。我還看到了乙太現實，我可以看到儀式開始後，通過構成房間牆壁的石塊，出現了外星生物的高大輪廓。在我看來，他們是在監督和協助正確地進行儀式，提供必要的微妙保護。

著名的埃及建築是一個敏感的話題，因為對當代考古學家、埃及學家和科學家來說，它的神秘性似乎更甚於大金字塔。一般來說，埃及的人面獅身像被認為比金字塔還要古老，這一點是真的。甚至它並不總是像我們今天看到的那樣，這也是事實。然而，不為人知的是它的歷史，正如我在全息螢幕上跟蹤合成影像所確信的那樣，這種資訊的缺乏是由於它非常古老，這使得即使是曾經存在的最古老的參照物也會被時間侵蝕了。如果就埃及的三座大金字塔而言，人們對它的一些提及或各種各樣的故事都已遺失，那麼關於人面獅身像，除了打算發明的東西外，就一無所知了。

從一開始，我必須說明一個重要的事實：人面獅身像目前所在的地方，也就是開羅附近吉薩的同一個高原上，三座大金字塔就是在那裡建造的，實際上並不代表它的「故鄉」。這一事實在我表達了想知道埃及人面獅身像起源的想法之後就向我揭示了。我以為會像三座金字塔一樣，看到它在同一個高原上建造的各個階段的時間順序。取而代之的是，影像突然發生了變化，顯示了該國北部的尼羅河三角洲地區。

赫拉納斯的老城區，E－N－L和外星生物組成的聯盟區

我看到，當時埃及北部是由不同種族的E－N－L和外星生物組成的一個「聯盟區」，很快就成為那些非常遙遠的時代最早和最強大的文化和精神爆發區之一。該地區的中心位於地中海尼羅河口附近的一個港口城市。這些圖片顯示了兩河岸上兩隻巨大的獅子，在河水入海的地方。石頭雕刻的獅子所處的位置與大金字塔旁邊的人面獅身像的位置相同。我仔細觀察這些圖像，發現這兩個巨大的雕塑與吉薩高原上現在的人面獅身像身體相同，但他們的頭是獅子的頭。通過心電感應，我已經知道那些大雕像將與後來的金字塔有關。

至於埃及北部的這座城市，那裡有兩隻巨大的獅子，這座城市已經在西元前二萬三千年的創作盛開時期了。它很可能更古老了，但我沒有深入研究。然而，它的起源有可能可以追溯到西元前三萬二千年至三萬年。在我的腦海中，這座城市的名字出現為赫拉納斯、哈拉納斯或赫利俄斯。實際上，它不僅僅是一座城市。這是一個真正的大都市，一個都市作為一個國家，包括擁擠和罕見的地區在郊區。

它的顯著標誌是從尼羅河口到地中海的兩隻巨大的獅子。當時，尼羅河三角洲幾乎一文不值，只是我們今天所知的一個雛形。而且，地中海比現在小；它和黑海之間沒有通過

博斯普魯斯海峽和達達尼爾海峽的連繫。當時地球的形態有些不同，因為土壤海拔較高。

我立刻意識到海利歐斯（或赫拉那斯）是一座由E—N—L生物建造和居住的都市，因為它的居民很高，有三公尺到四公尺高，甚至更多。我還注意到一些較高的E—N—K生物，但它們要小得多，大約兩公尺高甚至更矮，還有人形外星生物，其中一些人穿著某種特殊的服裝。我欣賞這座城市中人們活動和運動的性質，宏偉的建築，以及一種超現實主義的光輝，這種光輝來自於城市裡隨處可見的大量鍍金表面，甚至是大量的黃金製品。尤其引人注目的是雕像、屋頂、柱子或噴泉，全都是純金的，在陽光的照射下閃閃發光，一切都很迷人。

在那座城市的中心有一個很大的藝術雕刻的石頭市場。事實上，我在這座大城市的不同地方看到了幾個這樣的市場，也在其郊區看到，一直向南延伸到今天的撒哈拉沙漠。整個定居點，實際上是巨大的，就像一個邦聯，因為在我看到的影像中，我能辨認出幾個較小的都市或州，它們由許多小徑和道路連接在一起，建造得很好，這些都市被植被豐富甚至茂盛的地區隔開。因此，所有這些地區之間有一種活躍而複雜的交流，作為一個整體，這些地區形成了一種國家，甚至比今天的大都市還要大。

在赫拉納斯中央市場的中央有一座很高的方尖碑，長約70—80公尺。在它的頂峰，我看到一個同樣的金色球體，我估計直徑約為5公尺。方尖碑的周長是圓的，非常光滑。正如我通過心電感應所看到的，頂端的球體是外星技術的產物，光線不間斷，就像一個真正的太陽，即使在夜間也是如此。這很神奇，我甚至可以說是宏偉。整座建築就像一座海洋燈塔，但光線卻強了幾百倍。但矛盾的是，它並不傷害人的眼睛；它是溫暖的，能穿透幾十英里外的黑夜。它的強度是可怕的，如果讓我做個比較，我在現今的整個世界上找不到任何類似的東西，甚至接近這種光的力量和品質。我還明白，它有治療的特性，幫助生物在夜間更好地再生。

我還看到，當亞特蘭提斯沉沒時，赫拉納斯幾乎成了廢墟，因為在最後幾千年中，在亞特蘭提斯大陸的最後一次大災難之前，幾乎所有的E—N—L生命在死亡時不再轉世，而是繼續在乙太層面上純粹而簡單的存在，沒有任何意識的間斷。這是一個繁榮的文明的逐漸日落，也伴隨著嚴酷的自然，因為該地區是荒蕪的，沙子甚至已經開始入侵偉大的中心都市赫拉那斯。不過，當時的植被還是相當豐富的。

E—N—L基因資訊已經到達它在物理層中存在的終點，並且根據進化法則，該分支開始重新吸收到乙太層的更高維度。因此，正如我們在圖片中看到的那樣，亞特蘭提斯被摧毀後，赫拉納斯這座大都市基本上已經淹沒在沙子裡，另一部分則淹沒在地中海的水下，因為海平面上升了。

對這些方面很感興趣，我在一個簡短的視覺合成中，我看到全球有幾個地區的真正的大都市和巨石城市目前都在水下，因為土地的構造已經發生了很大變化。日本就是一個例子。在其海岸線的延伸處，有許多令人驚歎的城市，海底留下的東西也都覆蓋著沙子。此外，日本並不總是我們今天所知道的島嶼，但在亞特蘭提斯沉沒之前，它與大陸相連並延伸到遠離海岸的地方，作為大陸的一部分。

同樣的情況也發生在埃及北部的大城市赫拉那斯，那裡被當時的植被所覆蓋，在一定程度上也被沙土所覆蓋，尤其是被地中海的海水吞沒了大部分。在吉薩高原上建造建築群時，該地區的命運已經註定。在幾張照片中，我曾經看到一個由三個天狼星人組成的代表團，他們正乘船視察，低空飛行，由於這座非凡大都市的壯麗，他們在下方低空飛行時幾乎看不見。廢墟上幾乎全是植被和藤蔓，很像最近在亞馬遜叢林中發現的一些金字塔或寺廟。兩個巨大的獅子中的一隻，即在尼羅河左岸的那隻，已經消失在沙子和水下，另一隻在斜坡上，水上升到胸部以上的高度。

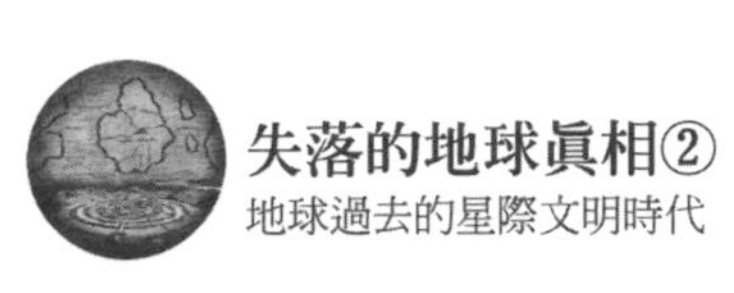

將其中一座人面獅身像遷移到吉薩高原

這時，我突然看到了吉薩高原上人面獅身像的照片，這些照片被放置在我們今天知道的位置。它實際上是赫拉納斯兩座大型雕像中的一座，另一座在水下和沙子下尚未被發現。我的結論是，它只是從赫拉納斯被帶走，然後用飛機運到現在的高原上。然而，他們可能決定不讓赫拉納斯這座人城市的最後一絲痕跡消失，這就是為什麼他們決定完成吉薩的建築群，從而賦予這個地方精確的內涵。因為，如果我們從另一個角度來解釋事物，即金字塔結構高原的特殊性，它與人面獅身像的存在沒有任何意義的連繫。然而，這是一個重要的象徵性理由，我將在下文討論。埃及人面獅身像有兩個值得注意的方面，都讓讀者感到不安。第一個是指當人面獅身像被帶到金字塔附近的吉薩高原時，它實際上是一頭巨大的獅子，頭上雕刻著一個有特定鬃毛的獅子。今天我們所看到的獅子頭的位置是一個變化，因為在我提到的激烈戰爭之後，石雕在這個層面上受到了嚴重的破壞。

事實上，在赫拉納斯雕刻的兩隻獅子中只有一隻被帶到了那裡，這標誌著一個新的精神中心在埃及誕生。當兩個巨大的獅子被安置在尼羅河兩岸，在舊的赫拉納斯，他們在那裡表達對太陽，光，領導和王權的崇拜。然而，從吉薩引入建築群的一頭獅子代表了一個中心的概念。無論如何，我很清楚，無論是亞特蘭提斯人還是幫助埃及建造金字塔外星文明的其他生物，都不是為了恢復赫拉納斯，而只是為了在吉薩高原地區建立一個新的文化、科學和精神中心，以適應E—N—K生物和亞特蘭提斯大災難後新的全球形勢。

第二個方面也動搖了目前關於人面獅身像的觀念。眾所周知，它實際上比三座金字塔還要古老，因此與事實相符，因為它建於赫拉納斯，其年齡至少會上升到二五〇〇〇年。然而，在金字塔建成後把它帶到吉薩高原，使它比現在「年輕」。

然而，在埃及人面獅身像特殊的「命運」之外，它仍然保持著形而上的精神、深不可測的神秘和祖先的美麗，這些美在主權的沉默中毫不含糊地跨越了幾千年。

繼亞特蘭提斯之後，埃及人使用金字塔進行星體投射維持與神居住行星的聯繫

赫拉納斯大城市的廢墟保存得很好，現在都埋在沙子裡了。埃及現在可以一勞永逸地消除關於金字塔和人面獅身像真實歷史的所謂「未知數」，或關於古代「神」身份的「未知數」，從而揭示這些巨大而特殊的遺跡。然而，這需要政治意願，而且不僅僅是這樣。我非常理解這些方面，因為它們對布切吉建築群特別有效。

另一方面，E－N－K生物無法維持這座城市的偉大，要麼是物理上因為它的維度相應於明顯更高的E－N－L生物，要麼是精神上因為他們的意識水準不是很高。然而，對一個特殊精神場所的記憶仍然留在埃及的那一部分，因此，亞特蘭提斯沉沒後，一些亞特蘭提斯聖賢撤退到埃及，並在幾個外星文明的幫助下，在吉薩高原上建造了金字塔，但也有一些在更遠的南方。一些較小的也隱藏在沙漠的沙子下，與赫拉納斯大都市的其他郊區一起。

正如我一開始所說的，亞特蘭提斯人和外星生物在幾乎是原始的E－N－K生物中的存在，他們「繼承」了今天埃及的領土，在一段時間內是有形的和持續的。為了建立一個更堅實的基礎，這些個體需要進化出一個更強大的個體。當時的想法是，他們將把這些教義傳播給盡可能多的人。因此，E－N－K生物幫助他們的基因分支愈來愈多的成長和完

善。

然而，隨著時間的推移，外星生物開始撤退。隨著E—N—K基因的加強，與E—N—K群體的直接接觸變得愈來愈少，充分尊重其自由意志是這些生物管理自身生存和命運的絕對必要條件。後來，外星生物和E—N—L生物從當時埃及居民的生活中撤出，一直持續到他們最終不再以身體或直接的管道出現在人們之間。

相反，與他們的交流是通過金字塔來維持的，金字塔在人類世界和「神」世界之間起著仲介的作用，也就是說，在科技和精神上高度發達的外星生物奠定了他們古代文化的基礎。例如，最初的埃及人使用一些金字塔室來進行「有意識的星體投射」，使他們能夠移動到他們的「神」居住的行星上。指導來自金字塔的特定振動頻率，由「神」設計。

金字塔內進行生命的星光體化

我在幾張照片中看到了大金字塔國王的密室裡是如何進行灌頂的。石棺裡裝滿了大約四分之三半透明粘稠的淺藍色液體，大祭司通常會赤身裸體地浸在其中，只有一條圍巾圍在臀部。然而，石棺也被所有接受「眾神之旅」啟蒙的人用於同樣的目的，而不僅僅是大祭司。

屍體沒有沉入液體中，而是漂浮在液體表面。雖然我沒有完全理解它，但我認為液體是為了促進生命的「星光體化」，或者是為了在身體中引起某些生化的轉變，這些轉變是星光體有意識地脫離物質身體所必需的。可以肯定的是，石棺裡的人很快就進入了恍惚狀態。其他祭司站在石棺周圍念著咒語。這些「咒語」並不是常見的禮拜儀式，但據我所知，它們經常在提升者的提升過程以及他們在微妙層面的旅行中起著決定性的作用。

這些影像還向我展示了乙太現實，我可以看到，在身體被浸泡在液體中，儀式開始後，通過構成房間牆壁的石塊，出現了外星生物的高大輪廓。它們是半透明的，有些手持權杖，氣勢磅礡。他們位於主持咒語儀式的祭司後面，在我看來，他們是在監督和協助正確地進行儀式，提供必要的微妙保護。

短期戰爭與銀河聯盟的重組

畫面很快跳轉到另一個歷史現實，據我計算，大約西元前四八〇〇年。我看到，在一些支持傳播古代科學和精神知識遺產的文明中，所有這些都有助於在地球上形成強大的精神中心，某些分歧開始出現。這些轉變成了一場強大的戰爭，但這場戰爭並沒有持續太久，人們也被捲入其中，最終的結果導致了聯盟的重組，使得地球上的許多倡議中心都受到了不同文明的監護。這也涉及到改變習俗、神靈的名字甚至知識。人們的宗教也發生了一些「變異」。

原則上，據我所知，這次衝突沒有十萬年前那麼激烈的原因，有著相同的根源：邪惡爬蟲類的負面影響。問題是，一些遠古的外星「神」生活在銀河系的某些區域，這些區域已經開始被邪惡的爬蟲人的邪惡存在和影響所「籠罩」。因此，如果埃及眾神的萬神殿保持不變，那麼容忍這種對人類ＤＮＡ的負面灌輸及基因改造是困難的，甚至是危險的。這一方面是相當微妙的，因為隨著時間的推移，特別是西元前三〇〇〇年之後，所有人類文明都得到了那些外星「神」的認可，他們為地球上精神中心的形成、金字塔的建造和其他為祭司服務的建築做出了貢獻。

由於爬蟲族的影響，甚至在一些相當先進的外星文明中緩慢傳播，銀河聯盟被迫在幾千年前改變其萬神殿，一些「神」被聯盟其他文明的其他神所取代。然而，這種改變並不符合一些希望繼續忠於舊「神」的E－N－K人之意願；因此，人類之間開始出現緊張關係，這種緊張關係後來在聯盟中的某些外星文明之間擴大。

隨著埃及萬神殿的這些變化，某些圖騰傾向被放大，使得新「神」的代表通常是人體和動物頭部的結合。例如，古埃及的法老或行政管理中的重要人物頭上戴著狗（豺狼）或朱鷺的面具，而一些女性神靈則戴著牛頭。關於解釋的爭論由此產生，這表明這些文明可能被邪惡的爬蟲族腐化，因此，它們與爬蟲類的DNA混種。

圖騰性和萬物有靈性

我不得不看了好幾遍這些圖片，以了解他們為什麼要向我「解釋」這一切，因為這個主題相當抽象。一些現代作家匆忙得出這樣的結論：那些帶有動物頭像的面具，用來代表神，有時甚至法老，並不一定代表象徵性的方面，而是用來隱藏某些爬行動物的特徵。但是，如果是這樣的話，為什麼在古埃及時代之前，外星文明中的「神」似乎沒有這些特徵呢？我看過它們40萬年來的照片，一次也沒有注意到這樣的「異常」。如果這是真的，那就意味著天狼星特內考本人，他來自獵戶座，從某種角度來看，可以被稱為「人類之父」，也應該被視為具有爬蟲類特徵。然而，我注意到，他是一個具有高尚道德品質的人，他高尚、睿智、善良，為人類ＤＮＡ的第一次混種貢獻了自己的ＤＮＡ。

另一方面，當時絕大多數埃及人是由E—N—K生物組成的，他們來自大型靈長類動物的直系親屬，在他們的ＤＮＡ中仍然有很強的動物影響力。因此，他們需要表現出特別的尊重，這源於他們對動物王國的崇拜。作為個人觀點，我可以說這是大多數動物祭祀的起源；也就是說，這個禮物是獻給「塑造它們」的人的，因為每個法老都把家畜的起源與自己的形象連繫在一起。在某種程度上，這一假設是正確的，因為許多動物的馴化是在法老掌權的時期同時發生，並支持這種現象。

後來，當人類DNA（E—N—K）進化時，人類有必要逐漸拒絕這些圖騰的聯想，因為他已經變得過於依賴動物界而無法脫離地球的能量。一個很有說服力的例子是，摩西和猶太人在出埃及記期間，拒絕與動物王國的連繫，這種連繫的特點是向偶像祈禱，並繼續對上主有一個更抽象的理解，意思是，他想做出一個特別的質的飛躍。不過，這裡的情況比較複雜，但我不會堅持這個方向。

在亞特蘭提斯大災難和消失之後，每一個在古埃及維持靈性的「神」或外星生物都代表了一個星座。他們是來自天狼星系統的天狼星生物，也就是說來自大狗星座，也來自與獵戶座的一些恆星相關的系統。他們所提供的教導與那個時期的特定能量是一致的，這是給予人類基因與那些微妙力量共振的某種能力所必需的。

因此，每一個「神」都與一個代表他或她所來自地區的符號的形體相連繫，或者換句話說，與那個特定的「符號」相連繫。由於當時「俗民」信仰的圖騰性和萬物有靈性的特點，這些表現意在激起那些看到那些動物頭像的人的某種情感，這些聯想對於人類理解「神」的含義是必要的。然而，隨著時間的推移，他們不再試圖將象徵與神連繫起來，而是將象徵與各自的「神」或「女神」本身結合起來，從而將人的身體呈現為牛、獅、狗等的頭部。

一般來說，人類習慣於將各種符號直接與某些人連繫在一起，在古埃及，這是與當時的「神」和法老連繫在一起的。從這裡開始，只是一步之遙，直到這種性質的表現被放在壁畫、卡圖或象形文字上。例如，當一個法老在其統治後，甚至統治期間，因為他強烈的個性而被認為是「像獅子一樣」時，這種想法的最佳表現就是法老有一個獅子頭。例子不勝枚舉，而且還在繼續。隨著時間的推移，問題是這些聯想開始與符號的內涵糾纏在一起，這些符號被改變或僅僅是為了神秘的目的而簡單地「借用」。這方面的一個例子是「荷魯斯之眼」的象徵，目前光明會在最多樣化的情況下使用，但有一個腐敗的含義。

這就是為什麼古埃及人逐漸忘記了與他們的「神」有關符號的真正含義，或者，更好的是，用如此多的多重含義和特徵圍繞著它們，並將它們從一個轉移到另一個，以至於他們達到了不再知道真相是什麼的地步。信仰由於缺乏一個可行的支持，開始崩潰，埃及人的靈性在很短的時間內下降。

這正是當今社會正在發生的事情，這個社會幾乎完全遠離深刻的道德、倫理原則及價值觀，而只是模仿公平和正派，而事實上，這只是一個背後的操縱非常強大和危險的神秘團體和組織的螢幕。他們的主要目的是徹底摧毀存在中的任何精神支持，因為它是如此的雜亂無章和不一致，它傾向於在沒有任何反應或反對的力量的情況下拆除。不幸的是，這個計畫已經產生了令人擔憂的結果，因為人類似乎已經「失去了指南針」，正如我們將看到的那樣，然而，精神復興已經接近尾聲，但是為了它更快地發生，必須真正意識到當前的情況。

第15章 大型多維門戶之特洛伊城 馬雅人撤退至乙太維度

關於特洛伊這座偉大城市的存在，我看到的第一張照片是當我看到許珀耳玻瑞亞文明的「血統」時。它的一個分支向南延伸，到達了今天土耳其的西北海岸。然而，向該地區的傳播並不是由地理需求決定的，而是由當時地球上爲數不多的一個大型多維門戶的存在決定的。正如我所看到的，這個城市後來被稱爲「堡壘」一是圍繞著這個時空的不連續性而建造的，它允許與乙太層裡較高的區域連結，特別是與香巴拉。

更接近我們的時代和當代歷史，有一些具有里程碑意義的歷史時刻需要考慮，特別是因為圍繞這些時刻的神秘性和缺乏真實的資訊來源。我把注意力集中在特洛伊，這是人類記憶中一幅神秘的畫，除了荷馬的《伊利亞德》之外，沒有其他的參考資料。在觀看了全息螢幕上的影像後，我在幾週後與塞薩爾的一次非常有趣的討論中開展了這個話題。

圍繞著時空不連續性而建造的特洛伊城

關於特洛伊這座偉大城市的存在，我看到的第一張照片是當我看到許珀耳玻瑞亞文明的「血統」時。它的一個分支向南延伸，到達了今天土耳其的西北海岸。然而，向該地區的傳播並不是由地理需求決定的，而是由當時地球上為數不多的一個大型多維門戶的存在決定的。正如我所看到的，這個城市後來被稱為「堡壘」——是圍繞著這個時空的不連續性而建造的，它允許與乙太層裡較高的區域連結，特別是與香巴拉。

我對這個演講印象深刻，這就是為什麼在我後來和塞薩爾的一次談話中，我提到了這個話題，我承認我還沒有完全理解這個話題。確實有幾個陌生的部份。

建立特洛伊城的許珀耳玻瑞亞文明的後代，即使他們只是許珀耳玻瑞亞文明的蒼白倒影，仍然擁有足夠的秘密甚至神秘的方法來抵抗其他民族的持久攻擊。

即便如此，對於在今天的南歐擁有一定控制權的兩個邪惡的外星文明來說，如果能利用他們擁有的先進的大規模殺傷性武器，立即從地球表面清除這座城市的任何痕跡，包括它的居民，也不是問題。然而，由於聯盟的監督，這種「干預」不可能如此容易地進行，塞薩爾證實了這一點。事實上，我不明白的是，這個要塞的利害關係是什麼？換句話說，為什麼古代世界會如此關注這個地區？

塞薩爾向我解釋說，即使邪惡被允許在人類中表現和傳播，這種行為仍然有其自身的「經濟性」，一種與人類的形成有關的敏感性，通過某些測試允許自由意志的表現。特洛伊城在古代被發現是因為它位於物質層和乙太層之間的一個「邊緣」；也就是說，在一個巨大而強大的「能量脈」區域，一個重要的地方，允許從物質層輕鬆進入乙太層。

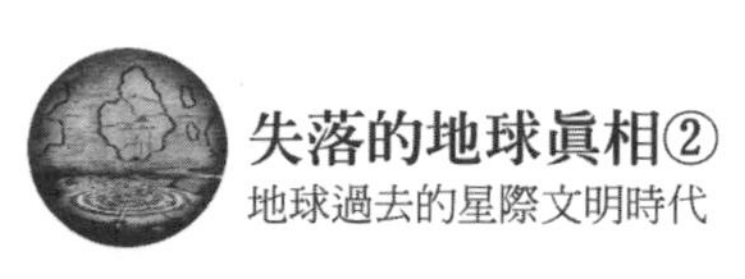

特洛伊戰爭的真實故事及相應的乙太層

當塞薩爾說到下一點時，他的解釋變得更加微妙：

「特洛伊幾乎是歐洲最後一個與微妙的乙太層保持緊密連結的城市，」他告訴我。

「這是最後一個可以自然而廣泛地進入乙太層的城市。由於隨著與希臘人的戰爭中遭受的失敗，這座城市突然從物質層面『斷裂』，於是地球表面的現實不知何故被『毀滅』，它甚至消除了仍然優越、純潔和美好的最後一個堡壘。到那時，許珀耳玻瑞亞文明的最後一條清晰的痕跡可能就消失了。」

我問戰爭是否與這微妙面向有關。

「特洛伊戰爭的主要目標是堡壘內乙太層的『穿越區』。事實上，是神秘力量提出並引導了它，利用人類作為載體來實現巨大的能量擊潰。由於亞特蘭提斯毀滅所產生的後果，這次墮落使人類陷入了比以前更深的黑暗之中。」

「後來這個城市怎麼了？」

「它在乙太層中重新出現，而城市本身無法在物質層中找到。然而，施里曼[13]的發現

---

13 塞薩爾在這裡指的是海因里希．施里曼（Heinrich Schliemann），他被認為是一八七〇年在今天土耳其西北部的希薩里克村發現特洛伊城的功臣。

僅僅是他自己的一個小區域，一個在物理層附近有共振的區域。然而，它並不代表『特洛伊城』，正如考古學家迅速宣佈的那樣。」

我現在明白了圍繞這座神秘堡壘的神秘，以及為征服它而進行的長期戰爭。

「從特洛伊進入微妙維度的乙太層非常容易，」塞薩爾告訴我。「不過，我確實想讓你明白，這條通道並不是所有人都能通過的。這座城市是完美的圓形，環繞著扭曲所在的中心點，通過這個源頭，你可以穿透與特洛伊城相應的乙太層，只有少數人可以進入更高的維度。」

馬雅文明的核心，不受限制地通過跨維度的入口

我說：「似乎遠古時代那些與我們關係密切的人都知道，不是每個人都能進入這些微妙的世界，也不是每個人都能以自己選擇的任何管道進入這些世界。」

「顯然，特洛伊並不是唯一的例子。馬雅人在這方面更具代表性，因為他們身後幾乎找不到任何人類活動或城市的痕跡。它們只是『消失』了，沒有在任何地區被識別出來。我指的是過去原始馬雅文明的核心，阿茲特克人和印加人的血統從中延伸出來，但馬雅人這一非常特殊文明的『種子』仍然以少數祭司和聖賢的形式存在，以及他們的後代定居在靠近海洋海岸的尤卡坦地區。然而，有些家族在前印加帝國的各個地區遊蕩。這個不超過十萬成員核心的崩潰，有利於馬雅文明的古老原始的知識和傳統幾乎不變的保存，加強了他們進化的決心。在大多數情況下，他們甚至沒有與仍然在那裡的印加人互動。即使他們也有相當程度的知識和發展，他們仍然失去了原始基因的力量。舉個例子，埃爾多拉多的『神話』之城或印加的黃金之城對他們來說是陌生的。印加人知道這一傳統，但他們忘記了如何到達他們的遺產告訴他們的那個定居點。西班牙人發現的愈少，就愈拼命尋找。這樣的城市從來沒有被征服者發現過，原因和特洛伊城是一樣的：它們不一定是物質世界的一部分，而是更多乙太頻率的微妙世界的一部分。在某一點上，他們完全重新出現在存在

的維度上，只是從物質世界中消失了。然而，一些印加祭司和同修知道『金城』的真實性，很小的一部分人甚至可以通過一個跨維度的入口進入金城。來自古代文明殘餘核心的馬雅聖人可以不受限制地進入，因為他們擁有這種特殊的知識和必要的振動水準，表現在一些特定的基因上，很可能是從E—N—L遺傳來的。」

塞薩爾的解釋非常清楚和簡潔，儘管在此之前我沒有探索過世界的那一部分或居住在那裡的文明，但我在這裡學到的東西並不是完全不為我所知。我最近在地球中的都市烏特克拉哈的經歷是令人振奮的，在微妙的乙太層面上，這個城市的許多居民實際上是古代馬雅人的先驅者。我借此機會發現了更多的東西，這就是為什麼我要求塞薩爾澄清馬雅文明的奧秘，我知道今天的考古學家或科學家無法破譯馬雅文明。

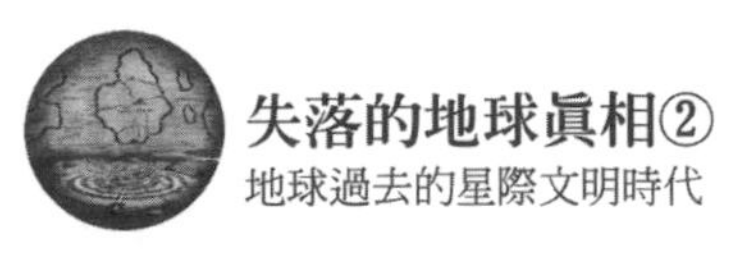

乙太層中的「振動跳躍」，物理維度經常融合到乙太維度中

「馬雅人的巨大問題是西班牙征服者的象徵。」塞薩爾說：「他們的入侵意味著馬雅文明在物質層面上的災難，但與此同時，在某種程度上，這迫使馬雅文明進入一個更高的層面。」

看到我疑惑地看著他，他接著解釋。「馬雅人是一個有著古老文化的民族，有著非凡的知識。對他們來說，物質維度和微妙維度之間的『斷裂』，至少從概念上來說，幾乎不存在。西班牙入侵後，他們的祭司很快意識到，除了滅絕的威脅之外，唯一可行的選擇就是馬雅人口從物質層大量流亡到乙太維度。換句話說，讓他們的存在進行一次振動跳躍。這種行動在歷史上是相當罕見的，只有在特殊情況下才會發生，否則情況就無法解決。」

我問整個民族怎麼可能從一個維度移動到另一個維度。塞薩爾說，這確實是一個棘手的問題，但在很大程度上，他們成功了。

「馬雅祭司非常清楚進入乙太層的通道區域是在他們的一個叢林城鎮中。馬雅人理解人與自然交流的重要性，這就是為什麼他們的都市與周圍的植被廣泛地共存。唯一的問題是，其他真正的馬雅群體已經遷移，必須從印加帝國的其他地區聚集，以實現這些維度之間的過渡。這樣，他們就可以擺脫西班牙人的瘋狂和對他們的殺戮欲望。」

那時我才意識到，那一時期在某種程度而言是原始文明，但是通過知識和態度，卻在軍事層面上很強大——這裡我指的是西班牙人，他們威脅要消滅另一個高貴而崇高的文明：馬雅人。無論是阿茲特克人還是印加人都無法對付西班牙人的兇殘、疾病和槍支。眾所周知，他們被征服了，但就古馬雅人的核心而言，這是不可能實現的。

塞薩爾告訴我，當時有一個「總動員」，所以散佈在印加帝國各地的馬雅人開始「跑向」到一個特殊的交會點，那裡有一個大的入口，也就是馬雅祭司和聖賢們都知道的時空不連續點。該地區被大量馬雅士兵保衛了大約兩個月，他們為來自帝國不同地區的平民建立了保護走廊，以避免西班牙人可能的發動襲擊。

「另一方面，對征服者的搶劫不是一場戰爭，也不是一場持續不斷的戰鬥，也不是在一個地方發生的，」塞薩爾繼續解釋道。「沒有真正的戰鬥，而是一場混亂的搶劫。西班牙人的襲擊大多是自發的，他們只是佔領了叢林中的一個村莊或城市。另一方面，馬雅士兵有一個精確的任務來對付這種攻擊，以確保平民逃往維度之間的地區。」

「你親眼看到了這一切嗎？」我問。

塞薩爾肯定地點點頭，向我保證，這是歷史上最令人驚奇的時刻之一，無論是通過其戲劇性還是圍繞它的神秘性。

「這更像是和越南與美國人的戰爭。西班牙人根本不清楚他們征服了多少東西，不僅是從印加帝國，在尤卡坦半島地區也是如此，那裡還留有馬雅聖賢的核心。這是因為，在大通道附近，物理維度經常融合到乙太維度中，所以心理失明的現象大行其道。古代馬雅人的智者有能力通過他們特定的召喚和神秘的方法來操縱周圍的現實。你可能會遇到二十個征服者，再往前走一點，就會有一個馬雅村莊，那裡正常的活動在進行，西班牙人根本不知道它的存在，即使他們從那裡經過。他們根本沒有看到那個村莊，因為在他們看來，那個地區只有叢林。這種奇怪的現象屢屢出現，使征服者感到十分困惑；但最終，如果馬雅人沒有做出離開物質維度並轉移到乙太維度的激進決定，他們數量的增加將導致馬雅人的滅絕，在那裡他們可以安全地繼續他們的存在。事實上，這一時刻早在幾百年前就被馬雅祭司預言過了。」

馬雅人的偉大「過渡」，乙太維度被物理維度嚴格限定

然而，塞薩爾說，到乙太層的轉變在任何條件下都不可能完成。從物質維度到乙太維度的轉變只能發生在特定的區域和特定的時期。我接著問他，如果這個秘密資料仍然為人所知，為什麼不是所有的人都能通過？似乎馬雅人中的一部分人，約占全部「純基因」群體的五分之一，不想進入乙太維度，寧願留在物理維度。在很大程度上，它是基於親和力法則的基礎上的，也就是振動頻率，不允許某一類人通過那個通道。

第一批進入乙太維度的人是那些符合頻率共振條件的人，因為一些馬雅人從這個角度來說還沒有做好準備，即使他們想穿過傳送門。然而，我看到他們中的許多人得到了薩滿祭司的幫助，他們站在「入口」附近，通過暫時提高他們個人振動頻率的力量來支持他們，以便他們能夠進入乙太維度。一旦他們超越了，那些生命就能夠保持這種振動頻率，從而設法保持在新的存在維度上。

我變得非常好奇，想知道從物理維度的角度來看，那個巨大的「入口」是什麼樣子。在阿佩洛斯的全息螢幕上向我展示的影像中，物理維度和乙太維度之間的「接觸點」通常呈現為一個表面，在大多數情況下是略微模糊的、略微朦朧的或完全看不見的。然後，在全息圖中用某些符號和一個鮮紅的點來表示維度之間的不連續性。然而，我想知道，基於

塞薩爾告訴我的，關於馬雅人在乙太層中的那條通道，似乎覆蓋了更大的區域。

「我當時正在密切關注那裡發生的事情，並看到了事態的發展。」他告訴我：「我清楚地意識到穿越的確切地點；但無論如何，我看不出邊界區域有任何扭曲。空間顯然沒有間斷。我看不到任何暗示可能有一個超凡層面的東西。相反，我注意到，當馬雅人接近那個地區穿越它時，他們身上似乎發生了一些事情，因為他們每個人都在輕微地顫抖。我對這個現象很感興趣，所以我把注意力集中在跨越空間不連續區域的生物上。」

我非常清楚，所有有助於研究空間和時間的高科技外星設備都有一種特殊性，即如果需要的話，可以提供在時間和空間範圍內感受被研究的一切。換句話說，你活在你所看到的世界裡，就好像你就在你所研究的時空區域裡。我可以說，這種感覺比正常人的感覺更精緻、更細緻入微，提供了一種額外的感覺、直覺和知覺。彷彿所有的感官都被磨礪了，感知的領域也被拓寬了。所以，我對塞薩爾的故事理解得太透徹了，因為我自己也有過很多次同樣的經歷。在某些情況下，它可能是創傷性的；但幸運的是，我瞭解到我有機會通過表現我的意志來「調整」它，甚至完全抑制它，在這種情況下，只有視覺資訊仍然存在。不過我在想，那是不是和我自己在第二條隧道裡或在去阿根廷「內陸」的路上的經歷相似。因此，我問塞薩爾，這是否與我們在地球內部的經歷不同。

「不，基本上這是一個相同的現象，但我想說服自己，這個入口連接了物理維度和乙太維度。在這方面，一旦你感覺到那種振動，你就不會錯了。我覺得，在路過之前，那些意識水準足夠高的人感知到了他們所來自的都市和叢林，但在某一刻，他們看到一個更大、更發達的都市開始在他們面前蔓延，其中的叢林植被已經不復存在。那些沒有能力進入乙太維度的人仍然在叢林中觀察他們的老城，但是他們很有自信，因為他們知道在微妙的維度中還有其他的東西。當他們到達守衛著進入乙太維度的無形通道之門的祭司那裡時，祭司們幫助他們，在很短的時間內提高了他們意識的振動頻率，但這是他們從乙太層看到城市並通過和超越所必需的。」

「但是祭司們——他們在做什麼？」

「他們從一個地方站到另一個地方，在通往大門的特定道路上，創造了一種『微妙的隧道』的啟動。那些天生有穿越能力的人在接近大門時進入了某種特定的意識狀態。其他人則猶豫不決，有些人甚至傾向於回頭。」

因此，進入乙太層的「大馬雅通道」並不像科學家們想像的那樣是一次大的「遷徙」，也不是一次乘車或乘船前往南美洲另一個地區的旅行，但它僅僅意味著撤退到他們城市的另一個地方，而是一個乙太的地方。塞薩爾告訴我，在通過大門的通道被關閉之後，馬雅人通過大門進入的乙太維度被物理維度嚴格限定。他們在那裡繼續他們的生命，但是能量參數更高，因為乙太維度的振動頻率高於物理維度的振動頻率。

第16章 阿努納奇：來自神聖之光的人及錯誤的邪惡標籤

即使大多數人沒有意識到這一點，關鍵的事件也發生在銀河系層。每一個存在，每一個行動，每一個態度，都以自己的方式爲重，因爲它在追求一個特定目標的過程中融入了這個整體的統一。社會由「擁有」轉變爲「感受」，即占有感、自私感、競爭感、暴力感逐漸被純粹的積極情緒和情感所取代，其中愛、利他、同理心是最基本的。通過適當地吸收這些資訊，許多人可能會更深入地理解事物，並將覺醒到一個更高的現實中，從而對宇宙中的生命有更廣闊的視野。

在大學裡，外星生物和高度發達文明的存在，一直是當今人類的一種「佩佩萊亞的釘子」[14]。由於不良的教育，加上媒體的操縱，大多數人在談到這個話題時都會心存疑慮，持懷疑態度。對他們中的許多人來說，外星人的仁慈表現「聽起來太好太美了」，不可能是真的。因此，人們認為，他們也應該有一些缺點，包括渴望雜交，因為他們希望被認為更接近目前的人類狀況。在某些情況下，他們甚至被視為對我們文明的威脅。

14 佩佩萊亞的釘子是一個羅馬尼亞的民間故事，講的是一個窮人繼承了一棟漂亮的房子。當一個有錢人想買它時，佩佩萊婭賣掉它只有一個條件：佩佩萊亞將保留客廳牆上一顆釘子的所有權，他可以在上面掛任何他想要的東西。當有錢人有客人或其他聰明人在家裡玩的時候，佩佩萊亞會順道來掛一件髒衣服。最後，這個有錢人非常惱怒和厭惡，他把房子免費還給了佩佩萊亞。

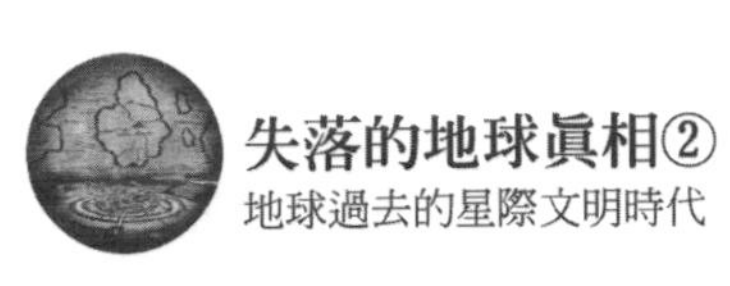

離奇的錯誤信念，邪惡的歸咎

事實上，這種看法可能反映了人類對自身巨大潛力的不信任。仔細觀察人類過去全息影像中呈現給我的一切，我可以滿懷信心地說，地球過去和現在都受到銀河系先進外星文明的極大保護和極大關懷。人多數人認為，我們在宇宙中的美好朋友，有如兄弟般的狀態和態度是科幻小說的主題，而我所看到的銀河系中外星聯盟的全息網路，實際上是一個充滿想像力的頭腦產物。

然而，有一類人對這些主題真正感興趣，他們想知道真相。不幸的是，有時是無意中，這些主題要麼被隱藏，要麼被歪曲，一個很好的例子就是人們對被稱為阿努納奇的外星生物種族的認知。

這個名字引發了許多離奇的想法，尤其是錯誤的信念，這些想法是建立在虛假或不完整的資訊以及在處理這個問題時的某種膚淺性。已經有許多書將地球上所有的邪惡都歸咎於阿努納奇人，最常見的是將他們與具有爬蟲族特徵的外星生物連結在一起。基於不正確的資訊和結論的基本錯誤是邪惡的爬蟲族與天狼星阿努納奇人連繫起來。這就更奇怪了，因為天狼星人是與作為銀河系統治者的微妙天體的計畫直接合作，並發起及支持地球人類誕生和進化過程的人。

這種價值觀的顛覆在其他時代和環境中也曾遇到過，但在這種情況下，令人驚訝的是，一些作者的熱情，他們只是想像自己知道真相，實際上卻犯了嚴重的錯誤。這個主題的壓力非常大，因為它被反覆地「鎖定」在非常消極的參數中，這使得回歸真正的知識和真正的價值觀更具挑戰性，這兩者都已經失去了。然而，一方面，我將根據我從史前到現代所能看到的影像來具體說明其中的一些內容；另一方面，根據我從阿佩洛斯人對我所表達的困惑的真誠解釋。正如我所說的，天狼星是人類文明誕生和形成的根源，他們也是人類DNA的根源，在人類發展的關鍵點上幫助人類，無論是從精神角度還是物質角度。我自己也看到了地球和人類歷史的許多方面，其中一些比較重要的我在這本書中已經描述了。在某些情況下，當需要的時候，天狼星人甚至影響了歷史行程，以便人類的進化能夠在最佳條件下發生。有一次，來自阿佩洛斯的人告訴我，從他們最初的基本分支，也就是天狼星的A系統，次級分支隨著時間的推移出現在銀河系的不同區域，但是天狼星A系統中的天狼星人被稱為阿努納奇人，意思是「來自神聖之光的人」。

振動頻率的重新分配和向其他星球遷移

在我的調查過程中，我對阿努納奇的了解和我在全息圖像中看到的情況一度變得非常混亂，以至於我不得不稍微打斷一下流程，向來自阿佩羅斯的人尋求一些解釋，他一直沉默不語，一動不動，就站在我身後。我要求他，如果可能的話，給我一些關於阿努納奇的細節，以便澄清當今大多數人仍然面臨的困境。

「這種文明的起源是在天狼星A的行星系統中，」他告訴我。「它們是最初的天狼星種族，是最古老和最基本的分支，其他分支在遷移到銀河系的其他地區之前都是從這裡分離出來的。」

然後他告訴我，在天狼星的語言中，當某人被命名時，詞根是放在第一位的。換言之，基本的名字是通過在這個詞根上添加該生命的某種定義性特徵或特性來補充的，通常代表一組生命。因此，如果一些原始的阿努納奇曾經從銀河系的另一地方遷移到一個星球上，那麼它們作為一個整體也被稱為阿努納奇，但它們也有另一個名字，使它們與原始的天狼星區別開來。這是許多作者忽略的一個方面，引起了爭議性的觀點。從基本的天狼星文明開始，發展了許多其他次級文明，它們隨著時間的推移「遷移」到銀河系的其他星球和其他星系。然而，他們中的大多數人都定居在大犬座附近，特別是獵戶座和獵戶座帶的恆星系統中。這個錯誤在當代作家中一直存在，那就是認為一個或多個散佈在銀河系中的次級文明是天狼星A的原始天狼星文明。

從遠古時代起，地球也接收了來自宇宙其他地區或在其表面進化的其他文明。人類，作為一個在達到現代智人的狀態之前已經經歷了許多轉變的存在，與其他外星生命相比，可以說是「年輕的」（將近40萬歲）。

在我和阿佩洛斯人的討論中，他以一種自然、冷靜和深刻的方式很好地綜合了這些部分。

「當一個人出生時，一個人就開始了持續進化的迴圈。一顆星球只能在一段時間內支持那個存在或文明的進化，但到了一時間點，文明必須成熟。這發生在E—N—L分支上，在它的最大發展水準上，撤回到微妙的乙太層。現在的人類文明，一旦達到頂峰，就是這樣；但就目前而言，與大多數人所相信的相反，智人的文明還遠遠沒有開始成熟。打個比方，你大約在14歲到16歲之間，這個年齡段所有的青少年都認為自己是不平凡的；但實際上，這與事實相去甚遠。他們還有很多東西要學。」

這是一句嚴厲的話，但在我看來，完全正確。無論如何，他強調當今的科學家需要重新評估他們的可能性和概念，並至少要放棄其中一些巨大的自豪感。

絕大多數先進的外來文明都採用了一項共同戰略，即將某一特定文明中的某些成員派到一個更合適的星球上，這些成員的進化速度不如其他人口那麼快。換句話說，它們被「重新安置」到另一個行星上，這個行星與他們的振動頻率相對應，在那裡他們將以自己的速度進化。因此，留在母地上的人可以加速他們的進化，而不會受到那些被搬遷者的阻礙。

阿努納奇就一個例子，因為他們以這種方式連續進行了幾個階段，將他們星球上來自天狼星系統A的人口的整個部分遷移到其他恆星系統。這種向其他星球的「遷移」到其他行星遵循振動親和力的宇宙法則，因為沒有任何生命可以留在一個存在的現實中，因為除非它與該局部頻率相對應，否則任何存在都不能留在存在的現實中。然後尋求一種「調整」情況，最自然的解決方案是這種振動頻率的「重新分配」，這大約與明智的諺語相一致：「合適的人在合適的地方」。

地球所在的宇宙空間的未來重點

與阿佩勒斯人討論的過程使我接近了一個非常敏感的方面。為什麼阿努納奇天狼星選擇我們的星球來塑造、發展和保護人類物種？

「確實如此。對許多來觀察我們的其他文明來說，天狼人的這種選擇幾乎是不可理解的，」他說。「在我們星球周圍的空間裡有一些『觀察員』，他們只是關注表面的事件而不干預。這是一個時刻，甚至對他們來說，理解和體驗一個文明的命運如何『流動』。而對於那些無法徹底了解人類真實歷史及其起源的人來說，最難理解的事情之一是，為什麼天狼人與聯盟中的其他外星文明一起，在今天正在發生的根本性轉變的背景下，非常謹慎地協助人類，並對人類極為重視。」

我回答說，我們不是唯一一個喜歡這種關注的人。

「我看到，阿努納奇人協助這個星球，並在這一級別上進行變革，他們在過去幾十萬年裡也支持了許多其他文明，為人類奠定了基礎。但是現在，在銀河系這個非常特殊的時空交會處，他們支持我們，而不是其他人。」

這是一個好問題，這就是為什麼一些外星文明好奇地參加地球上的活動，以便觀察我們太陽系中發生的事情。對他們來說，情況是一個很大的謎：人們仍然處於工業生產水準，他們科技和思想落後，暴力，很多人智力水準很低，甚至表現出動物行為。在這種情況下，為什麼天狼星A系統中的阿努納奇人，已經是銀河系中真正的精神主人，認為我們有如此重要的意義？就我所知，即使我們的文明處於這樣的狀態，我們對阿努納奇人來說是重要的。因此，很顯然地，地球所在的宇宙空間區域是未來的一個特別重點。

來自阿佩洛斯的男子說：「所有這一切的發生都是因為他們實際上是引導銀河系的人，也是支持人類的人。」——從許多角度來看，人類是一個相當落後的文明；不是原始而是落後。而是在理解、原則和行為方面落後。相比之下，人類內部的資源是巨大的；正是因為天狼星在人類身上看到了這種非凡的潛力，他們通過在銀河系其他文明中擁有的不可否認的權威給予了支持。事實——，許多聯盟之所以成立，正是因為它們認可並堅持我們的一體化。

由於阿努納奇給予的協定和他們形成的聯盟，人類在此時此刻已經成為銀河系的一種「吸引點」。從某個角度來看，地球，從它所提供的例子和它所處的情況來看，現在是這個銀河系的未來甚至可能是銀河系更大區域的一種「石頭邊界」。

銀河系的「婚禮」

在這一點上，來自阿佩洛斯的人指出了整個場景中一個更深刻甚至不同尋常的部分。

「現在和將來發生的所有變化，除了它們的局部和直接影響外，實際上都與我們星系與仙女座星系結合的準備有關。儘管這一過程將持續數十億年，但這兩個星系都為之進行了準備和合作。它就像一個『銀河系程式』，有助於將生命與星系的新振動頻率保持一致，這將是兩個當前振動頻率結合的結果。我們可以說，在宇宙層面上，他們似乎在為一場重要的銀河系『婚禮』做準備。精神層面必須一致，微妙的能量也必須相互關聯，頻率必須以這樣的方式安排，於是在融合時，兩個星系的文明和生命不會遭受滅絕，而是以驚人的方式進化。」

我由衷地表達了我的驚訝。

「但是為什麼要擔心可能到來的世界滅絕呢？最終，這兩個星系的恆星或行星發生碰撞的可能性非常小，即使星系相互交織在一起。」

「它們的滅絕不是來自殘酷的現象，而是來自一次重大而微妙的振動跳躍。這樣一個不尋常的宇宙事件會導致振動頻率上升，這將導致新星系的大部分地區引起混亂。這正是為什麼現在的準備工作和隨後的準備工作，即使銀河系的統一將在幾十億年內發生，設想將要誕生的文明將出現在已經被吸收並嵌入智慧生命意識的思想的基礎上。這樣，我們星系的生命和仙女座星系的生命在能量和概念性質上的差異就會降到最低。這是一個銀河系甚至是宇宙的進化程式，正是宏觀宇宙層面的進化理念。」

來自阿佩洛斯的人還告訴我，這一非常複雜和漫長的「宇宙行動」是由遠高於大多數外星文明的天體實體協調的，這些文明從微妙的層面管理著銀河系。例如，他們對先進文明必須在銀河系不同地區採取的某些具體行動給予准予或不准予。

這些天體實體，組織在一個嚴格的等級制度中，是協調和關聯所有將在這裡發生的巨大轉變的實體。任何具體的行動或影響都是經過深思熟慮的，並朝向更高的目標。這是一個巨大的計畫，它關係到我們的壽命，無法在精神上理解或整合。它在時間上如此遙遠，同時又如此巨大，以至於它遠遠超出了正常的感知或思考能力。與「裝在巨大齒輪中的輪子有自己的重要使命，有助於機制的順利運作」相比，對於人類和地球上的生命來說，這種融入偉大的想法是非常正確的。銀河系的未來，所有這一切都將在很長一段時間內發生。

對於大多數人來說，由於這個龐大的神聖計畫涉及到巨大的時間維度，所提出的方面和動機可能看起來無關緊要。然而，在感知和行動的高層次，如因果層，時間變得無足輕重，事件被同時和平等地感知。來自阿佩洛斯的人告訴我，支配這個宇宙過程及其適當發展的因果實體已經注意到，在當前的宇宙背景下，我們星球的演化是重要的，代表著一個參考的「邊界」。

即使大多數人沒有意識到這一點，關鍵的事件也發生在銀河系層。每一個存在，每一個行動，每一個態度，都以自己的方式為重，因為它在追求一個特定目標的過程中融入了這個整體的統一。社會由「擁有」轉變為「感受」，即占有感、自私感、競爭感、暴力感逐漸被純粹的積極情緒和情感所取代，其中愛、利他、同情是最基本的。實際上，每一個人都被邀請參加我們人類和我們地球的偉大精神變革，謙卑而有尊嚴地要求自己的生命是光、靈性和希望的萌芽，我們可以進入光明的未來。這些似乎只是美麗的字眼；但實際上，它們是當代人轉型和進化的基石。

從這個角度來看，我在這裡提供的資訊是這個「遊戲」不可分割的一部分，具有一定的意義，因為曼蒂亞和阿佩洛斯的人都讓我明白了這一點。通過適當地吸收這些資訊，許多人可能會更深入地理解事物，並將覺醒到一個更高的現實中，從而對宇宙中的生命有更廣闊的視野。特別是關於我在這裡討論的主題，他們可能會對阿努納奇文明有不同的看法，因此可能會以一種新的方式重新考慮這些高度發達的外星生物的本質，無論是在科技上還是精神上。

天狼星知道如何傾吐他們美妙的愛，但同時，在需要的時候，他們知道如何在戰鬥或

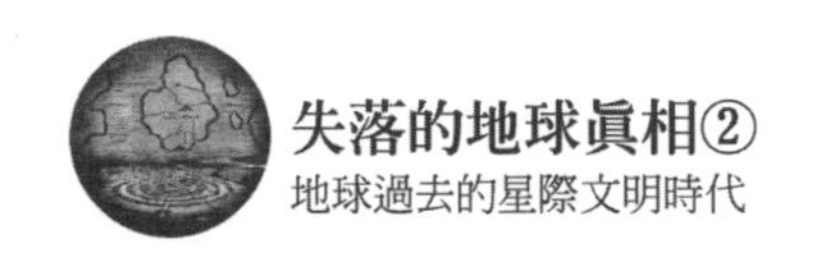

其他可怕的宇宙衝突中做出非常強烈的反應。然而，他們的理解水準與大多數人的理解水準不同。阿努納奇人被認為是銀河系真正的精神導師；這就是為什麼，如果他們支持我們，這就暗含著一種「推薦」給其他先進的外星文明，他們會明白這一點很重要。

人們強烈地感受到靈性的存在和崇高道德的含蓄感，這就是為什麼銀河系中的許多文明仍然把它們稱為「那些來自靈性的人」。無論他們走到哪裡，他們都散發著純潔、正義的力量和不同形式的高知識。打個比方說，我們可以想到一些高度進化的僧侶，他們在精神上是有價值的，但同時又是謙虛和智慧的。他們不攻擊，但如果被攻擊，他們的防禦效率很高，總是擊敗對手。

後記

正如拉杜在最後一章中明確提到的，他所提供給我們的內容與關於外星人的大量文獻形成了鮮明的對比。在我自己的生活中有兩個主要的影響，那就是羅恩．哈伯德（L.Ron Hubbard）和普雷斯頓．尼科爾斯（Preston Nichols），他們無疑以最負面的角度描繪了外星人。雖然普雷斯頓也傳達了一個積極的內涵，特別是在昴宿星人誰教育他，但哈伯德把外星人描繪成相當專注於植入人類，使他們溫順和可控。

我想每個人都會同意，在普通人的精神狀態和擁有先進科技以及乙太維度駕馭技能的高級實體之間存在著巨大的鴻溝。如果我們留意拉杜的評論，即人類的進化狀態相當於一個年輕的青少年，那麼還有很長的路要走，而這些書中提供的內容是人類進化過程的一部分。

拉杜至少還有五本書要呈現給我們，我收到了下一本即將出版的暗示，但我不能具體說。收到電腦文件後，我會立即開始翻譯和編輯過程。

我也將繼續自己的個人冒險，前往羅馬尼亞；特別是去喬克羅維納洞穴。這是一個洞穴，時間控制科學家大衛．安德森博士指出，這個洞穴是最重要的，因為它包含了科學記載的強大時空動力釋放的痕跡，即與時間反應器（時間機器）一起釋放的能量的名稱。

對於那些想了解最新情況的人，我邀請你們訂閱我的季刊《蒙托克脈搏》（Montauk Pulse）。將在這裡報告有關拉杜或他筆下其他人物的任何新進展。

彼德・沐恩

長島

二〇一九年十一月十一日

國家圖書館出版品預行編目（CIP）資料

失落的地球真相. 2, 地球過去的星際文明時代 / 拉杜.錫納馬爾(Radu Cinamar)著 ; 珊朵拉譯.
-- 初版. -- 新北市 : 大喜文化, 2021.11
面 ;　公分. --（星際傳訊）
譯自 : Forgotten genesis.
ISBN 978-626-95202-1-3（平裝）

1.人類演化 2.基因組 3.文明史

391.6　　110017623

星際傳訊 STU11005

失落的地球真相②：地球過去的星際文明時代

作　　者：拉杜・錫納馬爾 Radu Cinama
編　　者：彼德・沐恩 Peter Moon
譯　　者：珊朵拉
出 版 者：大喜文化有限公司
發 行 人：梁崇明
登 記 證：行政院新聞局局版台省業字第 244 號
P.O.BOX：中和市郵政第 2-193 號信箱
發 行 處：23556 新北市中和區板南路 498 號 7 樓之 2
電　　話：02-2223-1391
傳　　真：02-2223-1077
E-Mail：joy131499@gmail.com
銀行匯款：銀行代號：050，帳號：002-120-348-27
　　　　　臺灣企銀，帳戶：大喜文化有限公司
劃撥帳號：5023-2915，帳戶：大喜文化有限公司
總經銷商：聯合發行股份有限公司
地　　址：231 新北市新店區寶橋路 235 巷 6 弄 6 號 2 樓
電　　話：02-2917-8022
傳　　真：02-2915-7212
初　　版：西元 2021 年 11 月
流 通 費：新台幣 299 元
網　　址：www.facebook.com/joy131499
ISBN：978-626-95202-1-3

This book is dedicated to

“The Ancestors”

謹以此書獻給「始祖」。